乙級機械加工技能檢定術科題庫解析

張弘智　編著

全華圖書股份有限公司

目錄

術科試題解析

試題解析

壹、機械加工乙級技術士技能檢定參考資料

一、技術士技能檢定機械加工乙級術科測試應檢人須知

參加術科測試人員除應詳閱有關圖說及資料外,並應注意下列各項規定與說明。

1. 機工各職類共同要求及說明事項:

   (1) 本套試題係依「試題公開」方式命題,全套計 6 題(試題編號 18500-106201～106206),術科測試辦理單位於每 1 場次術科測試時,人數在 6 人以下準備乙套,7 至 12 人準備兩套(餘依此類推),試題分配由應檢人公開自行抽選應試題目,再依所抽之試題題號進行測試。

   (2) 測試時間 6 小時(含安裝、換裝砂輪),測試前另安排 20 分鐘讓應檢人熟悉機具、設備。

   (3) 應檢人應依照自備工(刀)具參考表準備應檢用具,進場前須經監評人員檢驗合格後,始得進場。

   (4) 術科測試過程中,應檢人應在加工成形前,由監評人員在檢定工件上做記號若干個。

   (5) 工件之度量係以每部位最劣處為評審測量。

   (6) 術科測試試題上,每一標註尺度許可公差部位及表面粗糙度均須達到要求,未標註尺度許可公差部位,亦須符合一般許可公差要求者為及格。

   (7) 操作者之穿著及配件:未符合下列規定者,不得進場應試,術科成績以不及格論。

   ① 依本職類安全考量應配戴個人防護具,例如安全眼鏡、工作帽及安全鞋等必要個人防護具。避免穿著連帽上衣及寬鬆衣褲等。

② 作業應取下身上不必要之配件，如領帶、圍巾、絲巾、項鍊等，外套應拉上拉鍊或扣上釦子，使衣擺貼身、不飄動，並注意衣角、拉鏈等不得接觸機器捲入點，必要時紮緊衣物及禁用手套。另作業時務必將長髮紮起，並戴用適當工作帽。

③ 其他服裝必要之安全注意事項。

(8) 工作安全與態度等扣分超過 40 分者為不及格。(扣分標準如附表)

(9) 具有下列情形之一者，術科測試為不及格：

① 未能依規定時間內完成術科測試者。

② 有任一部位尺寸超出許可公差者。

③ 工件加工不符圖樣者。

④ 工件加工無法如圖所示配合者。

⑤ 未達功能要求者。

⑥ 工件上有嚴重傷痕者。

⑦ 工件上有嚴重毛邊者。

2. 本職類要求及說明事項：

(1) 應檢人使用機具之先後次序，須依監評人員安排。

(2) 測試進行中，如須等待機具，應檢人得舉手向監評人員報告，經同意後，得展延延誤之時間。

(3) 術科測試試題上，未註明尺度部位，由應檢人自行配合製作。

(4) 其他有關監評未盡事宜，得由監評人員商訂之。

3. 本職類採用電子抽題方式，抽題規定如下：

(1) 術科測試辦理單位依時間配當表規定時間辦理電子抽題事宜。術科測試辦理單位應準備電腦及印表機相關設備各一套，依時間配當表規定時間辦理電子抽題事宜並將電腦設置到抽題操作界面，會同監評人員、應檢人，全程參與抽題，處理電腦操作及列印簽名事項。

(2) 試題題組(試題編號：201~206)，應檢人數在 6 人以下準備乙套試題，7 至 12 人準備兩套試題，其餘依此類推，並依試題順序排列(201、202、203、204、205、206、201、202、203、204、205、206、…)。

(3) 各場次測試開始前，術科測試編號序號最小之應檢人代表抽選測試對應題組。其餘應檢人(含遲到或缺考)依術科測試編號序號順序對應題組順序測試。範例，術科測試編號序號最小(假設為第 1 號)之應檢人抽中「203」題組，第 2 號應檢人對應測試「204」題組，第 3 號應檢人對應測試「205」題組，其餘依此類推。

(4) 電子抽題結束後，術科測試辦理單位立即於明顯處公告抽題結果。術科測試辦理單位應優先使用網路版電子抽籤，如遇系統異常無法執行時，得以單機版電子抽籤代替，若仍遇單機版電子抽籤異常情形才可使用紙本抽籤，並於紀錄中載明未使用網路版電子抽籤原因。

(5) 其餘未規定部分，依現行試題規定。

4. 本須知未盡事項，悉依「技術士技能檢定作業及試場規則」規定處理之。

[附表]　術科測試應檢人工作安全與態度等扣分標準表

項次	項目	扣分
1	夾帶類似術科測試試題之工件進場或調換材料、成品或協助他人劃線、加工或將測試工件、材料攜出場外	41
2	術科測試中發生毆打行為者	41
3	使用禁止之工具、刀具、夾具或量具	41
4	操作不當，嚴重損壞機具、設備等	41
5	工作不慎，致使本人或他人嚴重受傷或無法繼續測試	41
6	未依規定清理、擦拭機具設備或整理工作環境	41
7	工件上有不正常加工痕跡者	41
8	術科測試中，除「應檢人工作安全與態度等扣分標準表」要求外，有其他不當行為，經勸告二次以上仍不聽從	41
9	工作不慎，致使本人或他人輕微受傷	(每項次)20
10	術科測試場內吸煙、嚼檳榔、飲食或嬉戲	(每項次)20
11	損壞機具或設備等情節輕微	(每項次)20
12	未戴安全眼鏡操作機械	(每項次)15
13	戴手套、領帶、戒指或項鍊操作機器	(每項次)10
14	機械轉動中，裝拆刀具、更換工件或測量工件	(每項次)10
15	機械尚未停止運轉，即進行清除鐵屑、檢查、調整或攀爬機台	(每項次)10
16	用手制止機械之夾頭轉動	(每項次)10
17	徒手或使用量具清除切屑	(每項次)10
18	術科測試中，發生爭吵、喧嘩或與他人交頭接耳	(每項次)10
19	有段變速機械轉動中變速或無段變速機械停止中變速	(每項次)10
20	量具掉落地面	(每項次)10
21	損傷或折斷工具或量具	(每項次)10
22	工件上違規使用砂布類、銼刀或油石(去毛邊除外)等加工	(每項次)10
23	機械切削中，用手觸摸工件	(每項次)10
24	工具、刀具或工件掉落地面	(每項次)5
25	工具、刀具或量具重疊放置	(每項次)5
26	工件、工具、刀具或量具直接置放於床軌上	(每項次)5

二、技術士技能檢定機械加工乙級術科測試應檢人自備工(刀)具參考表

項目	設備名稱	規格	單位	備註
1	鋼尺	150mm	支	
2	外分厘卡	0～75mm(精度 0.01mm 或以上)，每隔 25mm。	組	
3	內分厘卡	5～30mm 或 5～25mm(精度 0.01mm 或以上)。	支	
4	深度分厘卡	0～25mm(精度 0.01mm 或以上)。	支	
5	游標卡尺	150mm(精度 0.02mm 或以上)。	支	
6	量錶	10mm(精度 0.01mm 或以上)，附磁座或固定架。	組	
7	角尺	50mm 以上	支	
8	外 R 規	R8mm	支	
9	外徑車刀	一般車削用	組	
10	切槽、切斷車刀	3～5mm 刀寬	組	
11	去角車刀	90 度	支	
12	牙刀	V 型，60 度	支	
13	輥花刀	斜紋 1.0mm	支	
14	面銑刀	φ50mm 以上，依試題準備。	組	
15	端銑刀	φ5mm 以上，依試題準備。	組	
16	切割銑刀	φ100×2t mm，附夾具。	組	
17	尋邊器	適合銑床用	組	
18	中心鑽頭	直徑 2.5mm	支	
19	鑽頭	φ3mm 以上，依試題準備。	組	
20	沉頭鑽頭	M6，180°	支	
21	什錦銼刀	5 支組	組	
22	平銼刀	150mm 以上	支	
23	鉸刀	φ6H7、φ12H7、φ16H7，依試題準備。	組	
24	螺絲攻	M6×1.0、M10×1.5，依試題準備，附扳手。	組	
25	螺絲鏌	M6×1.0、M10×1.5，附扳手。	組	
26	平行塊	依試題準備	組	
27	手弓鋸	300mm (12 吋)，附鋸片。	組	
28	六角板手	5mm	支	
29	劃線針	依試題準備	支	

項目	設備名稱	規格	單位	備註
30	奇異墨水筆		支	
31	安全眼鏡		只	
32	工作帽		頂	
33	安全鞋		雙	

註：刀座及刀柄由術科測試場地提供，刀片由應檢人自備。

三、技術士技能檢定機械加工乙級術科測試時間配當表

※每一檢定場，每日排定測試場次為 1 場。

時間	內容	備註
07：30 - 08：00	1.　監評前協調會議(含監評檢查機具設備)。 2.　應檢人報到完成。	
08：00 - 08：30	1.　應檢人抽題及抽工作崗位。 2.　場地設備及供料、自備機具及材料等作業說明。 3.　測試應注意事項說明。 4.　應檢人試題疑義說明。 5.　應檢人檢查材料及熟悉機具設備。 6.　其他事項。	
08：30 - 12：00	測試。	
12：00 - 13：00	監評人員及應檢人休息用膳時間。	測試時間 6 小時
13：00 - 15：30	測試(續)。	
15：30 - 17：00	監評人員進行評審工作。	整理成績總表

貳、術科加工技術與使用說明

　　106 年起勞動部公告機械加工試題乃依之前試題加以修改,主要是把材料加大,螺絲孔、鉸孔、定位銷孔也隨之放大。技能要求大致與之前的試題相同,均是利用傳統工作母機,如銑床、車床、磨床、鑽床及鉗工,做出符合工作圖要求之零件並組裝,以達成某種特定功能。測驗試題共有六題,檢定時從中抽選一題。每題均有三塊材料,分別為板料、塊料與圓桿,外形及尺寸如圖 1 所示:

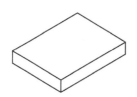 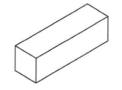 

板料:16×100×75　　塊料:32×32×110　　圓桿:φ38×110

圖 1　乙級檢定機械加工材料

　　依上述三件材料各完成 5～6 個零件(題號 106203 有 6 件,其餘都是 5 件),再搭配螺絲、定位銷、彈簧、墊圈,組裝成一個簡單的機構,各題組裝後的立體情況如圖 2 所示,筆者按各題功能命名為:

- 第一題:題號 106201－搖擺機構
- 第二題:題號 106202－滑塊機構
- 第三題:題號 106203－鑽模夾具
- 第四題:題號 106204－沖壓機構
- 第五題:題號 106205－定位機構
- 第六題:題號 106206－升降機構

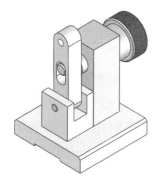

106201 搖擺機構

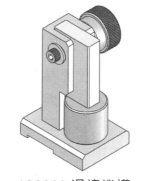

106202 滑塊機構

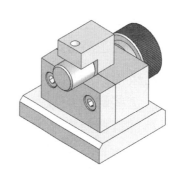

106203 鑽模夾具

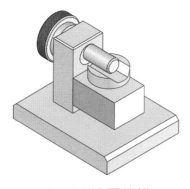

106204 沖壓機構

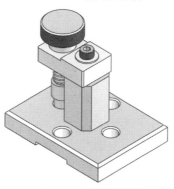

106205 定位機構

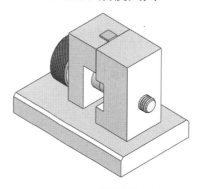

106206 升降機構

圖 2　乙級各試題組裝後之立體圖

　　看完裝配後的立體情況你會發現乙級機械加工並不困難。對於在校生而言，以前大多以單項練習為主，工作圖可能都只是單張單一零件而已，乙級檢定是將所有零件繪在一張工作圖上，起初可能有些不習慣，但只要靜下心，一個零件一個零件地詳細閱讀，你會發現每一個圖都能看得懂。

　　本書在術科工作程序逐一說明加工步驟外，工件的固定方式及加工過程的實體狀況均以3D立體圖加以輔助，使您更明瞭加工程序與步驟。乙級檢定各工作機械所需熟練技能如下：

1. 銑床加工：平面銑削、階級銑削、直槽銑削、V形槽銑削、鑽孔、攻牙、鉸孔、鋸割。

2. 車床加工：端面車削、外徑車削、階級車削、壓花、偏心、切槽與切斷、攻螺紋、鉸螺絲、倒角。

3. 磨床加工：平面磨削。

4. 鉗工：劃線、鋸切、鑽孔、攻牙、鉸孔、圓弧銼削、裝配與調整。

　　只要針對上述技能多加練習，每試題練習兩次以上，第一次先了解各題的加工方法、加工程序與尺寸控制，第二次則著重時間的掌控。每題若能練習第二次以上，熟練度及裝配技巧都會精進不少，加工時間也會大幅縮短。在時間上，無論如何都須在 6 小時以內完成，因時間是關係能否通過檢定最主要的因素之一。

　　就工(刀)具準備而言，機械加工是綜合車床、鉗工、銑床、磨床常用技能，比起單項技能的車床或銑床會使用更多的工(刀)具。所以，平時練習就應養成工具立即歸位的習慣，避免測試時在時間的壓力下發生找不到工具的窘境，愈是找不到工具就愈慌，愈慌思緒就愈亂，思緒愈亂出錯的機率就愈大。尤其是鑽孔，拿錯鑽頭、鑽錯位置的情形時有所聞，為了避免發生類似情形，可準備一塊木板或塑膠板，將容易混淆或容易「失蹤」的小工(刀)具，依使用習慣加以排列、鑽孔(孔徑比柄徑大 0.1～0.3mm)，刀具一支支插入孔中並標示清楚，用畢立即歸位，發揮「一個蘿蔔一個坑」的防呆精神，找不到工具的情形就不容易發生，也減少錯誤發生的機會。收工時，只要「看一下」板子上是否有多餘的空孔，就知道工具是否短缺。此舉不但縮短收工時間，更藉此養成一生受用的好習慣。

　　乙級術科所用刀具較多，為了減少讀者計算轉數的麻煩，在術科工作程序中均載明主軸轉數，這些轉數均以高速鋼或鎢鋼刀具切削低碳鋼之切削條件去計算並取概略整數。目前市售刀具材質種類繁多，有高速鋼、塗層刀具、鎢鋼端銑刀、有的標榜粗精兩用，有台灣製造、大陸製造、日本製造、德國製造等，價格相差甚大，切削條件也差異很大，正確的轉數還是要依刀具廠商所提供的數據為主，或以本書提供之轉數視切削情況酌予增減。

　　機械加工乙級檢定內容除基本加工技巧外，有些共通性的注意事項與技巧在此提出說明，這些技巧對檢定有很大的助益，希望讀者詳加閱讀。

一、六面體銑削與材料的分割

如前述術科均有三塊材料，需加工成 5～6 件，每一題都有兩個零件共用一塊材料的情形，對於這些材料不要急著一分為二，尤其是銑削加工的零件，因有些零件具有相同的尺寸，若能換個思考模式；先銑削六面體再鋸開，最後修整鋸切面。就可以減少加工時間。

以試題 201 為例：件 1、件 2 共用材料，先加工成 28×28mm²、長度修除鋸切刀痕，並注意垂直度與平行度，之後再鋸成兩件，最後分別修整鋸切面，完成長度 70 與 32mm，如圖 3 所示。這種方式可由原先 12 個加工面縮減為 8 個，時間節省 30%。板料厚度也是如此，雖然不是每題尺寸都這麼 Lucky，亦可參照此法。因某一件尺寸完成時，另一件的垂直度、平行度也完成了，剩下的只是銑削到尺寸而已。

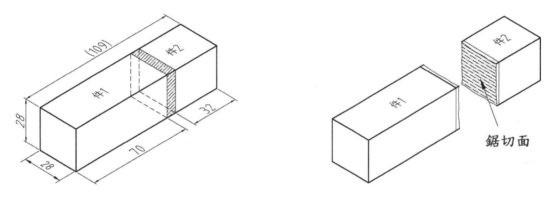

圖 3　先銑削六面體再分割材料

乙級試題所用的材料較大，塊料斷面積為 32×32mm²，大部分試題加工後斷面積為 30×28mm² 或 30×30mm²，若直接以鋸切方式分割材料會花費較多的時間與體力。考生可依各題情況將其中一件的外形先行加工，之後再鋸切，如圖 4 所示(試題 106206 的件 3 與件 4)。此舉，減少材料斷面積，較容易鋸切。對於預留量較多的試題，也可考慮以小直徑端銑刀或鋸割刀片銑斷。本書在術科工作程序中均詳述各試題材料的使用與規劃，應檢人員可視自己技能或刀具選擇最適宜的工方式。

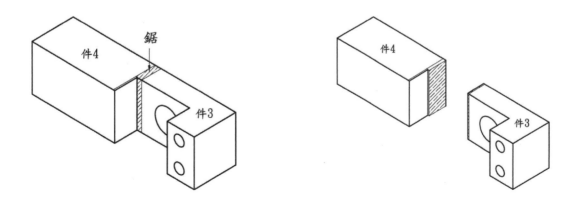

圖 4　先銑削外形再分割材料

二、劃線

　　劃線是機械加工相當重要的工作，劃線過程勢必把工作圖詳細閱讀，如基準邊在何處、何處該銑槽、何處該鑽孔、沉頭孔在正面或背面、哪一個尺度有公差要求等等，都會隨著劃線過程一目了然，對試題中的所有尺寸也有所了解，對於加工過程助益頗大。值得一提的是：劃完線條務必以游標卡尺檢查線條尺寸及相對位置是否正確，這點相當重要，千萬別忽略。檢定在時間的壓力下難免緊張，算錯尺寸、看錯加工位置、看錯高度規刻劃的情形都有可能發生，花 3～5 分鐘劃線，再花 1～2 分鐘檢查一下，這工作絕對不能省略。「線條正確」要發生嚴重錯誤的可能性就相當低了，記住：「好的開始是成功的一半」。

三、尋邊器與孔的定位

　　術科每題都有好多個孔要加工，有鑽孔、鉸孔、螺紋孔、沉頭孔......，份量不算少，乙級檢定不建議採用鑽床加工，因鑽床精度不高，又要打中心衝，很難保證兩孔中心距離的準確性，尤其是裝配又要做些微的調整，真的有些不容易，除非你有鉗工選手的超高技術或平日多加練習，否則會冒著連螺絲都無法鎖入的風險，更別說要達到功能要求。

　　依場地機具標準，銑床種類為立式砲塔式銑床，該機型的特性是操作靈活度高，且銑床精度也比鑽床高，X、Y 軸均附有光學尺定位容易。在孔的加工方面，可準備一支附有直柄的鑽頭夾頭，裝置在銑床上當鑽床使用，如圖 5 所示。以銑床鑽孔不但精度高又無需打中心點，何樂而不為？

(a)鑽夾柄及鑽頭夾頭　　　　　　　　　(b)銑床鑽孔使用情形

圖 5　直柄鑽頭夾頭與使用情形

1.　尋邊器的種類與使用

　　　術科工作中鉸孔算是重要部位，孔徑 ϕ6H7～ϕ16H7，這些孔大都要與軸配合，位置相對重要，有些孔中心位置標示專用公差，如試題 202 的件 2、試題 206 的件 3，這些孔需藉助尋邊器(Edge finder)才能達到公差要求。所謂「尋邊器」顧名思義就是「尋找工件邊緣」的一種器具，一般精度達±2μm～±5μm，尋邊器的種類有光電式、迴轉式、偏心式等，各式尋邊器如圖 6 所示。光電式常用於 CNC 機械，偏心式與迴轉式常用於傳統銑床。

圖 6　尋邊器種類(圖片摘自：精展精機股份有限公司、翰坤五金機械)

在此以偏心式為例,說明尋邊器的使用方式並請參閱圖 7。

(1) 尋邊器裝置在主軸上。

(2) 以手指輕輕對測定子側邊施力,使其偏心約 0.5mm,如圖 7(a)所示。

(3) 以 400～600rpm 的轉數轉動。(轉數過高會損壞尋邊器)

(4) 測定子緩緩向基準邊移動,以一點一點的方式敲動手輪,使測定子偏擺狀況逐漸減小。

(5) 測定子幾乎不偏擺(同心)時,如圖 7(b)所示,再以更細微的進給來移動,當測定子瞬間滑移時,此滑動點就是所要尋求的位置,如圖 7(c)所示。

(6) 主軸上升,工件移動測定子半徑值,使主軸中心位於工件邊緣,如圖 7(d)所示,光學尺歸零。

(7) 同上方式,尋找另一基準邊。

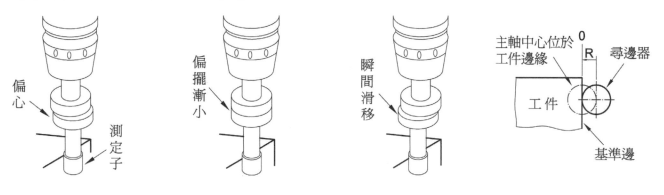

(a)偏心約 0.5mm　　　(b)向基準邊緩慢接觸　　　(c)測定子瞬間滑移　　　(d)中心移動至工件邊緣

圖 7　尋邊器使用方式

2. 鑽孔的定位

　　孔的定位有兩個軸向:X 軸與 Y 軸。工件將基準邊置於虎鉗固定顎,依上述方法尋邊並歸零光學尺,不論 Y 軸如何移動,理論上基準邊仍位於光學尺的「Y0」。換裝工件,Y 軸無須再尋邊,直接移至鑽孔位置即可。如鑽完圖 8(a)所示 Y-14.處的孔,改置圖(b)工件時 Y 軸向無須再尋邊,直接移至 Y-14.。

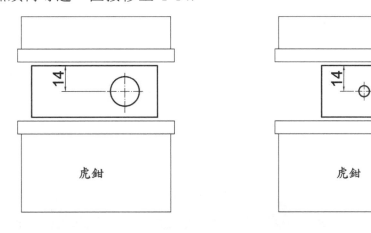

(a)尋邊並移至尺寸 14mm　　　　(b)換另一工件,Y 軸移至 14mm

圖 8　Y 軸定位示意圖

　　　另一個方向是 X 軸向的定位，X 軸向可藉助「定位裝置」將工件固定在相同位置，每一工件均以此為基準點(X0.)進行加工。以圖 9 為例，在虎鉗左側加裝定位塊，尋邊後，工件邊緣設為零點(X0.)，工件的左上角即為 X0. Y0.，所有的位置均依光學尺顯示座標值進行定位與加工。

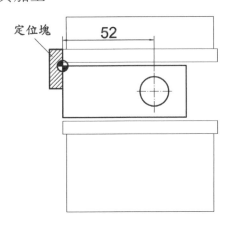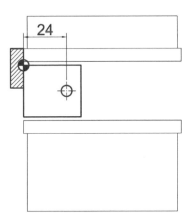

(a)X 軸向加裝定位塊　　　　　　　　(b)換另一工件亦可定位

圖 9　X 軸定位示意圖

　　　常用的定位方法有：加裝定位器、加裝定位塊、吸附強力磁鐵等，三種定位器說明如下：

(1)　裝置定位器：

　　　定位器如圖 10(a)所示，可向機械相關配件廠商購得，定位器裝置於床台上，藉橫桿設定工件位置，適宜大量生產使用。然而檢定試題的銑床加工件最多 4 件，加裝定位器似乎有點大費周章。

(2)　加裝定位塊：

　　　有些銑床虎鉗會在固定鉗口側邊提供螺絲孔，如圖 10(b)所示，利用此螺絲孔鎖住一塊能「抵住」工件的材料(或使用虎鉗本身提供之定位塊)，每次安裝工件都將基準邊「定位」於此，同樣具有定位功能。

(3)　吸附強力磁鐵：

　　　以強力磁鐵吸附在固定鉗口側邊，如圖 10(c)所示，如同定位塊定住工件，唯磁鐵本身具有磁性易吸附切屑，影響定位精度，使用時應特別留意。

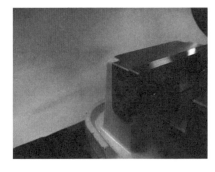

(a)定位器　　　　　(b)螺絲孔可加裝定位塊　　　　　(c)吸附強力磁鐵

圖片摘自：沅銘企業有限公司

圖 10　定位器與定位方式

四、鉸孔

　　術科中鉸孔算是重要加工部位，孔徑有 ϕ 6H7、ϕ 12H7、ϕ 16H7，這些孔徑後面賦予專用公差(H7)者均要鉸孔。<u>ϕ 6H7 的定位銷孔，盡量不要先鑽</u>，須於裝配後再加工，詳述於後。其他鉸孔工作應先鑽中心孔，再依鑽頭→倒角刀→機械鉸刀之順序完成。以 ϕ 16H7 鉸孔為例，加工順序如圖 11 所示。

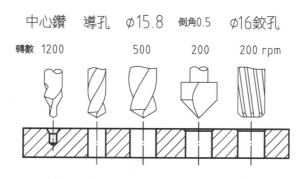

圖 11　ϕ 16H7 鉸孔之加工順序

　　對於 ϕ 16H7 鉸孔應鑽直徑 ϕ 15.7～ϕ 15.8 的孔，該直徑的麻花鑽頭為錐柄，長度較長，裝在銑床上加工不易，可改換諾式鑽頭進行鑽孔，諾式鑽頭如圖 12 所示。或以柄徑 ϕ 16 之直柄鑽頭進行鑽孔。

圖 12　諾式鑽頭

　　術科的鉸孔最好以機械鉸刀(Machine reamer)在銑床上完成，鉸孔切削條件為「低轉數、大進給」。砲塔式銑床主軸分「有段變速」與「無段變速」兩種，有段變速藉調整皮帶位置變換轉數，轉數較正確但耗時，為了節省時間，可直接將「高、低速變換桿」撥至低速檔，轉數雖然不是很正確，也不至於差太多。本書工作程序均列出鉸孔轉數，因銑床廠牌不同、轉數也有差異，讀者可依機器所提供的實際轉數參酌使用。

　　在進給率方面，鉸孔是採「較大的進給」，所謂進給(feed)是指主軸轉一圈刀具前進的距離(mm/rev)。若採手動進給，因主軸轉數較慢，<u>進給仍須緩慢進行，切勿過快</u>。至於鉸削預留量方面，約預留 0.2mm，鉸孔前的鑽頭尺寸如下表所示：

鉸孔尺寸	鑽頭尺寸
ϕ 6H7	ϕ 5.8
ϕ 12H7	ϕ 11.8
ϕ 16H7	ϕ 15.7～ϕ 15.8

五、攻螺紋

　　乙級檢定的螺絲孔除題號 206 有 M10 螺紋外，其他都是 M6 螺紋，攻牙鑽孔直徑＝公稱直徑(D)－螺距(P)。M6、M10 鑽孔直徑分別為：

　　M6×1.0　鑽孔直徑＝ϕ 6－1.0＝ϕ 5.0
　　M10×1.5　鑽孔直徑＝ϕ 10－1.5＝ϕ 8.5

　　檢定中的 M6 螺絲孔直徑較小，又是盲孔螺紋，稍有不慎可能發生螺絲攻斷裂，取出斷裂螺絲攻是一件非常困難的事。為了避免螺絲攻斷裂，攻牙前鑽孔直徑擬加大 0.1～0.2mm，降低切削阻力。在此特別強調，這是「因應檢定」不得已的作法，在生產工業用的零件時，還是要依照：「鑽孔直徑＝公稱直徑－螺距」的計算公式，正確的選用鑽頭直徑，確保產品螺紋有一定的強度與正確的接觸比。

　　攻螺紋另一項重點是控制螺絲攻的垂直度，螺絲攻歪斜可能造成螺絲攻斷裂或裝配困難，解決之道是在鑽孔、倒角後，螺絲攻裝在鑽夾上(以機械螺絲攻或手工螺絲攻第二、三攻為宜)，主軸置於空檔，以手動方式轉動主軸，使螺絲攻進入孔內，如圖 13 所示。攻牙必需藉由手的敏感度查覺絲攻是否觸底，隨後反轉退出螺絲攻。或在適當深度(約 2～3 牙)反轉退出，裝配前再以手工方式逐一攻至孔底，因先前 2～3 牙的深度已具垂直效果，可引導螺絲攻垂直進入。使用螺絲攻扳手時，須注意雙手的施力不宜過大，並隨時「感覺」螺絲攻是否已達孔底，勿因持續加壓導致螺絲攻斷裂。

圖 13　銑床上以手動方式攻螺紋

六、鑽柱坑孔

　　柱坑孔之目的是使螺絲頭沉入工件表面，沉入量一般約 0.5mm，只要看著主軸套管上的刻度控制深度即可，評審一般不太會去量測深度，但也不要太離譜，一眼就發現你的工件特別不一樣。如果還是不放心，在此提供一個更準確的加工方式，熟練此技能，它將是一個「又快、又準」的加工方法：

1. 鑽畢 ϕ6.6，換上柱坑鑽頭，如圖 14(a)所示。
2. Z 軸刻度環歸零。(柱坑孔與工件尚未接觸)
3. 主軸下降，柱坑鑽頭與工件表面輕輕接觸，如圖 14(b)所示，鎖緊主軸。此時柱坑鑽頭在工件表面、刻度環在「0」處。
4. 床台退離(下降)約 0.1～0.5 mm，刀具離開工件表面，如圖 14(c)所示。
5. 啟動主軸旋轉。
6. 床台上升鑽柱坑孔，深度 6.5mm。(刻度環每圈 2.5mm 為例：從 0 處算起，轉 2 圈又 1.5mm)，如圖 14(d)所示。
7. 放鬆主軸，退回柱坑鑽頭，停止主軸。移至下一孔，重覆上述步驟。

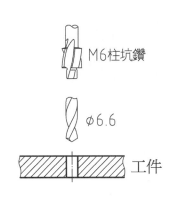

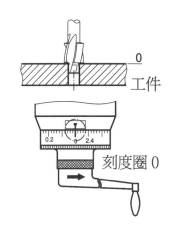

(a)鑽孔後，換裝柱坑鑽頭　　　(b)柱坑鑽頭與工件輕輕接觸

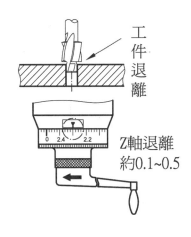

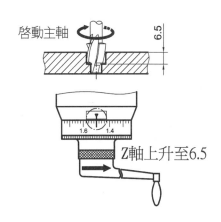

(c)刀具退離工件　　　(d)切削柱坑深度 6.5mm

圖 14　柱坑孔鑽削深度步驟

七、直槽銑削與尺寸控制

　　銑床工作除六面體外，直槽和階級銑削是檢定必須熟練的技能，部分槽寬最小公差 0.06mm。銑削時，粗加工與精加工應加以區分，所謂「粗加工」是在最短的時間把不要的材料去除，而不是把工件加工的很粗糙，粗加工以粗銑刀(Roughing end mills)為宜，粗銑刀如圖 15(a)所示，該銑刀有斷屑槽設計能使切屑小塊分斷，切刃呈鋸齒狀，進刀深度與進給速率較大，理論上切刃多長就可銑削多深，實際上仍須考慮機械剛性或刀具強度是否足以承受。較保守的切削深度是以刀具直徑為原則，如直徑 $\phi 12$ 粗銑刀最大切深 12mm，餘此類推。

　　粗銑削進給速率也較快，太慢的進給速率會使刀具過度摩擦，發生刺耳聲響不利銑削，所以使用粗銑刀時，轉數、切深與進給速率應配合得宜。在進給速率方面，雖然銑床具有自動進給功能，但檢定工件尺寸都不大，建議粗銑削仍以手動進給，一方面可以感受切削阻力，另一方面又可以視切削情況適時調整進給速率，使切削順暢。

　　對於深度較深的直槽(如試題 202 件 3)則先以鑽頭鑽除大部分材料再銑削，可減少過多的切削量與增加刀具的使用壽命。

　　精銑刀一般為四刃或兩刃，切刃無鋸齒如圖 15(b)所示，精銑削目的在獲得良好的表面粗糙度與加工精度，轉數較粗銑高，銑削量一般在 0.5mm 以下。

(a)粗銑刀　　　　　　　　　　　　(b)精銑刀

圖 15　粗銑刀與精銑刀(圖片來源：北昌貿易有限公司)

　　直槽銑削與尺寸的控制同樣可善用光學尺，在此以題號 106203 的件 3 為例，說明直槽銑削方式。零件尺寸如圖 16 所示，直槽中心 27mm、邊距分別為 16.5、37.5mm。現以 φ12 粗銑刀加工直槽寬度 21mm、深度 15mm，工件左上角設為零點(X0、Y0)，加工程序說明如下：

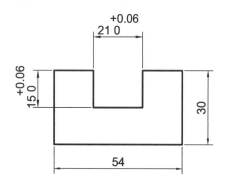

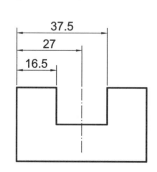

圖 16　零件 3 工作圖與加工相關尺寸

1. 粗加工
   (1) 以尋邊器尋邊，工件左上角設為零點(光學尺 X0、Y0)
   (2) φ12 粗銑刀移至直槽中心 X27.。
   (3) 上下對刀後，歸零刻度環。
   (4) 深度分層銑削至 14.5mm(深度預留 0.5mm)，如圖 17。

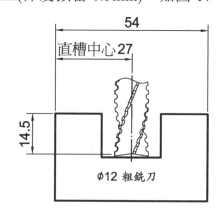

圖 17　銑刀移至直槽中心銑削深度

   (5) 銑削直槽左側面 X22.7 (邊距 16.5+銑刀半徑 6+預留量 0.2)，如圖 18(a)。
   (6) 銑削直槽右側面 X31.3 (邊距 37.5—銑刀半徑 6—預留量 0.2)，如圖 18(b)。
   　　(註：讀者可依自行準備之刀具精度與特性做適當增減預留量)

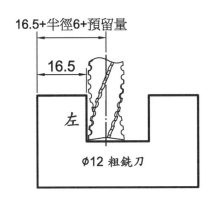

(a)銑削左側面

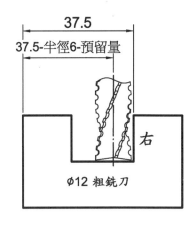

(b)銑削右側面

圖 18　直槽粗加工

2.　精加工

(1)　φ12 精銑刀移至直槽中心 X27.。

(2)　直槽在底部對刀後，歸零刻度環。

(3)　深度銑削 0.2mm。

(4)　測量、確定深度尺寸，如圖 19。

(5)　深度進刀至所需尺寸、光學尺移至 X22.5(16.5+半徑 6)，底面與左側面一併銑削，如圖 20(a)。

(6)　光學尺移至 X31.5(37.5－半徑 6)，銑削右側面與底面，如圖 20(b)。

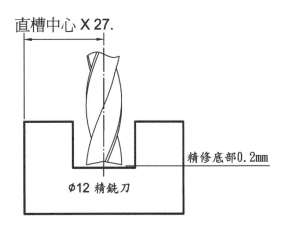

圖 19　移至中心銑削底面

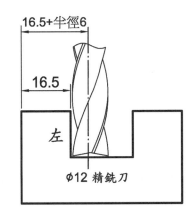

(a)銑削底面與左側面

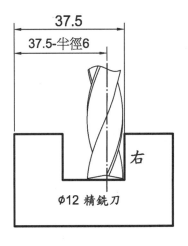

(b)銑削右側面與部份底面

圖 20　直槽精加工

　　在精度方面，槽寬 21mm 公差+0.06，程序第 6 點可將刀具移至 X31.53(多 0.03mm)，使槽寬符合正公差要求。但銑刀精度、主軸偏擺等因素，建議讀者可先預留 0.1mm(光學尺 X31.43)，銑削量測後，最後再依實際量測結果進刀。對於無公差要求之槽寬或階級，可完全依賴光學尺之座標值移動刀具，無須量測。唯須弄清楚定位尺寸是「加」銑刀半徑或「減」半徑，兩者不可混淆。

八、車床切斷工作與換端車削

1.　切斷工作

車床件每題均有切斷工作，切斷隨著進刀加深，槽徑愈來愈小，在相同的轉數下，切削速度會變得愈來愈慢，車刀若未對準中心很容易造成車刀崩裂，考生應特別留意。

2.　換端車削

工件切斷後表面粗糙度不佳，中心也可能留下未斷掉的「肚擠」，因此須修整端面並控制長度。修整時可準備「保護環」或「軟質金屬片」保護已加工面，以免被夾傷。本書在術科程序中預留量取 0.5mm 做為修整及控制尺寸之用，讀者可依自己的技能水準增減預留量。

換端夾持處的直徑有 $\phi36$、$\phi16$、$\phi12mm$ 或壓花，建議考生準備保護環，環的內徑為工件夾持處直徑，外徑則需大於四爪夾頭所能夾持之最小直徑(約 20mm)，並以手弓鋸從軸向鋸開使它具有適當彈性，鋸開寬度略大於游標卡尺外測爪厚度(約 3mm 以上)，使測爪能「量測到」工件，保護環與使用狀況如圖 21(a)所示。

切斷後的端面修整，除可在車床上車削外，也可在銑床上加工。首先準備夾持用 V 形枕或如圖 21(b)所示之夾具，該夾具是取兩塊矩形材料夾在一起，從接合處鑽孔、鉸孔，最後接合面銑削或磨削 0.1～0.2mm，以此夾持車床件，並在銑床上銑削端面，如圖 21(c)所示。

(a)保護環　　　　　　　(b)夾持車床件之夾　　　　(c)銑削車床加工件之端面

圖 21　保護環與換端加工

九、平面磨削

在工作圖上標註「$\sqrt{}$ 輪磨 Ra 1.6」者，表示該面須經「砂輪研磨」。輪磨加工一般用於硬化零件的最後加工，因熱處理之故，工件會有變形問題，預留量較大。但檢定工件未經熱處理，無受熱變形問題，預留量 0.1mm 就能將銑削刀痕去除。但顧及銑床加工後的平行度及尺寸控制，預留量約 0.2mm，過多預留量會徒增磨削時間，讀者可依自己的銑床技術斟酌預留量。

平面磨床以磁性夾頭「吸住」工件，工件橫跨在夾頭上的銅線數越多磁力越大，原則上須涵蓋四條銅線以上才有足夠的夾持力。就夾持力而言，圖 22(a)的放置情形顯然比圖 22(b)佳。磁力不足可能導致工件「飛走」，工件飛走是非常「恐怖」的事，砂輪破裂事小，人員受傷就非同小可，所以磨床加工要特別注意工件的固定方式，並在啟動砂輪前要確定工件已被「吸住」、「吸牢」。

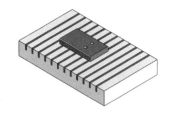 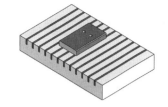

(a)工件橫置，磁力大(佳)　　　　　　　(b)工件直放，磁力線少(不佳)

圖 22　磨削工件固定方式

十、定位銷孔

　　定位銷(Pin)顧名思義就是「定位」用的零件。一部機械、機構或複雜的模具在裝配過程中常常需花費很長的時間進行調整、測試，才能使設備或機構處於正確位置或最佳運動狀況。但使用過程可能因振動發生位移，或維修後，又得再由技術性人員花許多時間去做調整。

　　解決此問題，最簡單的方式就是裝妥各機件且測試完成後，在適當位置裝入定位銷，定位銷是一支經硬化處理及研磨的圓棒，能與鉸孔做精密配合。當各機件拆卸後，重新組裝時，只要將定位銷裝入，零件又可回到最初的位置狀態，無需再做調整，這就是定位銷的功用。

　　檢定的定位銷孔都是盲孔，所謂盲孔就是未貫穿之孔，所以最好使用機械鉸刀(Machine reamer)鉸削，手工鉸刀因前端具有錐度無法鉸至孔底。再次強調：<u>定位銷孔是在調整確定後才加工，而且要一起鑽孔、鉸孔，確保定位銷能順利裝入</u>。本書工作程序均採用此加工方式撰寫，考生可參照使用，盡量不要分別加工，因分別加工，兩孔中心距離極可能不一樣，中心距離不一樣，定位銷就無法裝入，無法裝入就視同未完成，未完成就無法通過檢定。

　　定位銷孔另一種加工方式是在鑽床上用「引孔」的方式完成，在此以 201 試題為例說明引孔的加工方法與步驟，請參閱圖 23：

1.　底座先在定位銷孔處鑽 ϕ5.8(暫不鉸孔)，如圖(a)所示

2.　裝配完成後，卸除其他零件，僅留須鑽定位銷孔之零件，如圖(b)。

3.　在鑽床上，以 ϕ5.8 鑽頭對準底座 ϕ5.8 之孔，以該孔引導鑽頭並對下方零件進行鑽孔。

4.　以 ϕ6H7 鉸刀鉸孔。

5.　裝入定位銷。

6.　重複步驟 3～5，逐一完成定位銷孔。

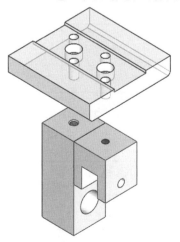 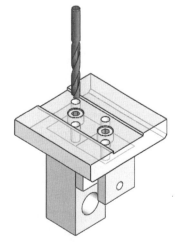

(a)底座鑽 ϕ5.8、暫不鉸孔　　　　　　(b)鑽頭對準導孔，引導鑽頭定位

圖 23　在鑽床上用引孔的方式鑽孔與鉸孔

機械加工乙級檢定各題工具彙整表

	量具	銑床	車床	磨床與其他
共用工具	1. 游標卡尺 2. 外分厘卡 0～25 3. 外分厘卡 25～50 4. 內徑分厘卡 5～30 5. 深度分厘卡 0～25 6. 刀口角尺 7. 指示量錶(含磁座)	1. 面銑刀 ϕ80 (或以上) 2. 端銑刀(粗銑) ϕ6～ϕ12 3. 端銑刀(精銑) ϕ6～ϕ12 4. 倒角銑刀 90° (或 V 形枕) 5. 尋邊器 6. 中心鑽 ϕ3.2 7. 鑽頭 ϕ5.2 (攻 M6) 8. 鑽頭 ϕ5.8 (鉸 ϕ6H7) 9. 鑽頭 ϕ6.6 10. 鑽頭 ϕ11.8 (鉸 ϕ12H7) 11. 鑽頭 ϕ15.8 (鉸 ϕ16H7) 12. 螺絲攻 M6×1.0 13. 柱坑鑽頭 M6(ϕ11) 14. 機械鉸刀 ϕ6H7 15. 倒角鑽頭 90° 16. 平行桿(塊) 17. 軟鎚(香檳鎚) 18. 直柄式鑽頭夾頭 19. 銼刀(去毛邊、銼 R 角)	1. 外徑粗車刀 2. 外徑精車刀 4. 切斷刀 5. 倒角車刀 6. 斜紋輥花刀 1.0 7. 指示量錶	1. 游標高度規 2. 手弓鋸、鋸片 3. 螺絲攻扳手 4. 鉗口罩 5. 銼刀 6. 六角扳手 5mm 7. 梅花扳手(機台調整用) 8. 奇異墨水 9. 護目鏡 10. 強力磁鐵 11. 砂輪修整器 12. 安全鞋
201				外圓弧規 R8
202		端銑刀(精銑) ϕ14		鑽頭夾頭(MT4)
203		V 形枕 鑽頭 ϕ6		
204		鑽頭 ϕ8 端銑刀 ϕ16 倒角銑刀(小徑 ϕ10 以下)		
205		V 形枕 鑽頭 ϕ12 (或 ϕ12.2)	切槽刀(刀寬≦3) 螺絲鏌 M6×1.0	螺絲鏌扳手 鑽頭夾頭(MT4)
206		鑽頭 ϕ8.5 螺絲攻 M10×1.5 端銑刀 ϕ16	切槽刀(刀寬≦3) 六角扳手 8mm 螺絲鏌 M10×1.5	螺絲鏌扳手

參、術科各題注意事項與工作程序

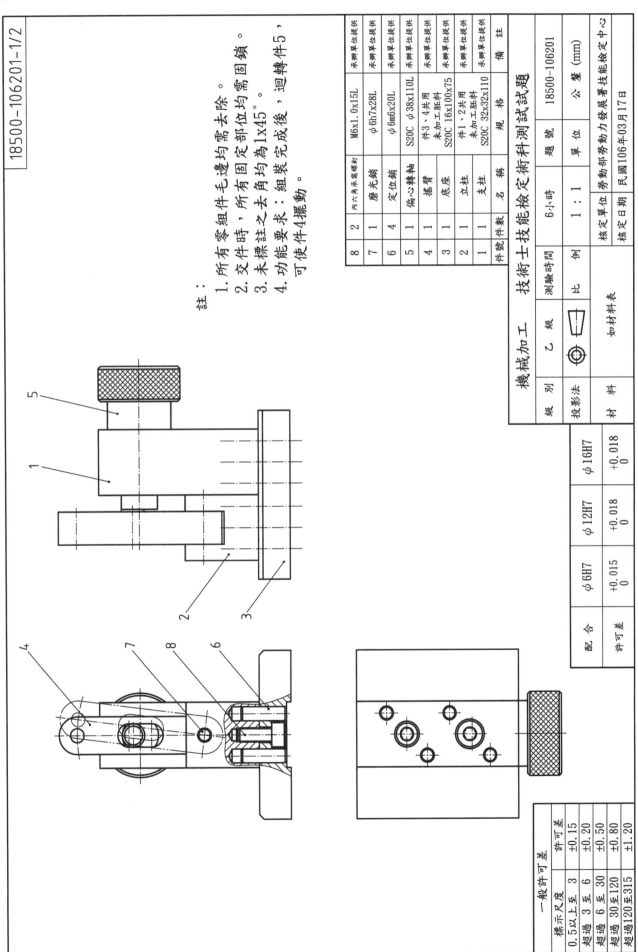

18500-106201-1/2

註：
1. 所有零組件毛邊均需去除。
2. 交件時，所有固定部位均需固鎖。
3. 未標註之去角均為1x45°。
4. 功能要求：組裝完成後，迴轉件5，
   可使件4擺動。

件號	件數	名 稱	規 格	備 註
8	2	內六角承窩螺釘	M6x1.0x15L	承辦單位提供
7	1	磨光銷	φ6h7x28L	承辦單位提供
6	4	定位銷	φ6m6x20L	承辦單位提供
5	1	偏心轉軸	S20C φ38x110L	
4	1	搖臂	件3、4共用 未加工胚料	
3	1	底座	S20C 16x100x75	
2	1	立柱	件1、2共用 未加工胚料	
1	1	支柱	S20C 32x32x110	

機械加工	技術士技能檢定術科測試試題		題 號	18500-106201
	測驗時間	6小時	單 位	公 釐 (mm)
級 別	乙	比 例	1：1	核定單位 勞動部勞動力發展署技能檢定中心
投影法			如材料表	檢定日期 民國106年03月17日
材 料				

配 合	φ6H7	φ12H7	φ16H7
許可差	+0.015 / 0	+0.018 / 0	+0.018 / 0

一般許可差		
標示尺度		許可差
0.5以上至	3	±0.15
超過 3 至	6	±0.20
超過 6 至	30	±0.50
超過 30 至	120	±0.80
超過 120 至	315	±1.20

201

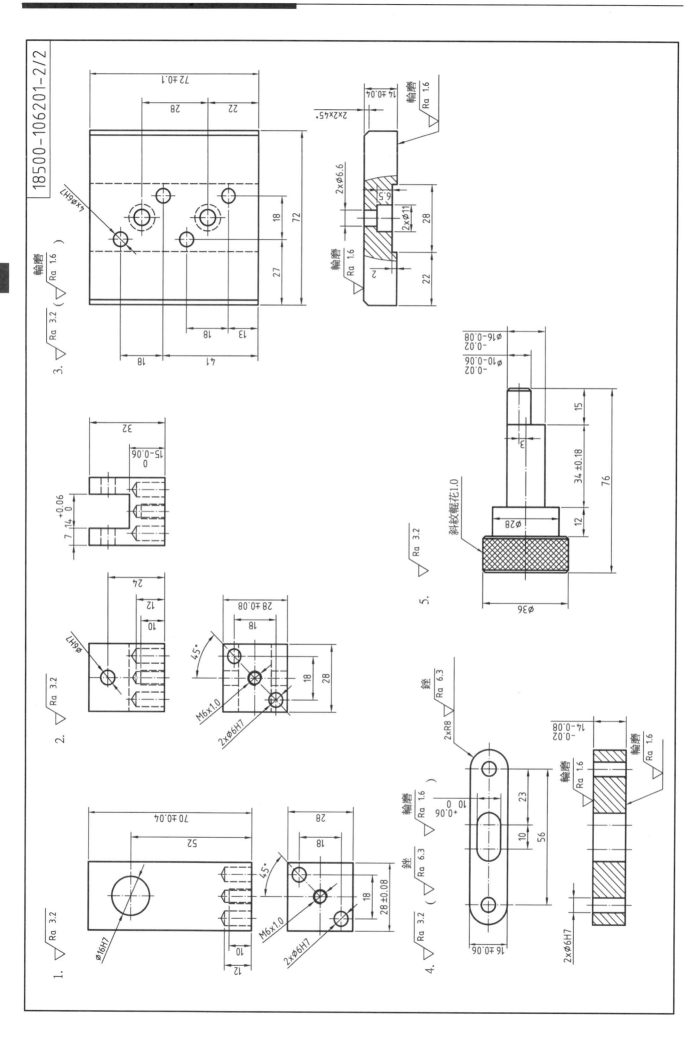

18500-106201 試題分析、材料使用與注意事項

一、試題分析：

　　　此題為「搖擺機構」，組合情形如圖 1，功能要求是旋轉件 5(轉軸)藉前端偏心軸驅使件 4(搖臂)左右擺動。

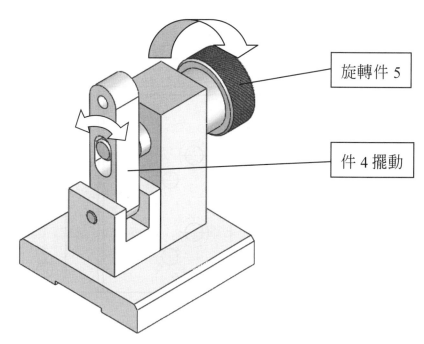

旋轉件 5

件 4 擺動

201

圖 1　試題 201 組合圖與功能要求

二、材料使用：

　材料一：32×32×110

1. 件 1、件 2 共用，材料使用如圖 2。

2. 件 1 與件 2 長寬尺寸均為 28×28。

3. 六面體銑削→28×28×(109)，長度兩端注意垂直度，銑平即可。

4. 注意：尺寸 28 有公差要求±0.08。

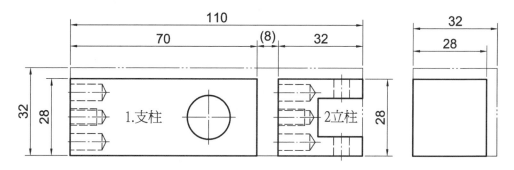

圖 2　塊料使用情形

材料二：16×100×75

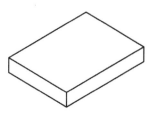

1. 件 3、件 4 共用，材料使用如圖 3。

2. 件 3 與件 4 長度均為 72mm、厚度 14 mm。

3. 六面體銑削→14.2×(99)×72，厚度預留輪磨量 0.2mm；
   長度注意垂直度，銑平即可。

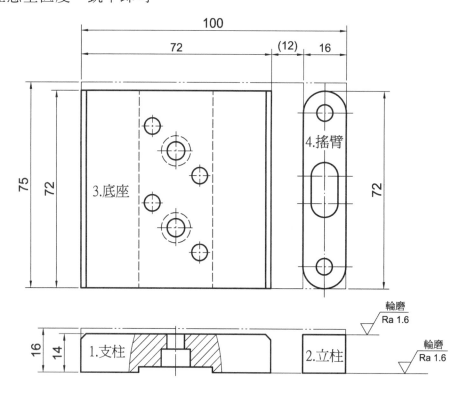

圖 3　板料使用情形

材料三：ϕ 38×110

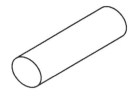

1. 件 5 使用，如圖 4。

2. 工件長度 76mm，多餘長度 34mm，車削後直接切斷。

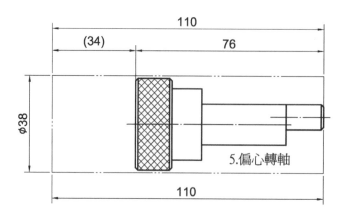

圖 4　圓料使用情形

三、注意事項：

1.　件 4(搖臂)兩端 R8 圓弧限「銼削」加工。

2.　件 1(支柱)與件 2(立柱)寬度、高度均爲 28mm，一邊公差±0.08，另一邊爲一般公差
　　±0.5，如圖 5 所示。建議長寬尺度公差均控制在±0.08mm，避免方向發生混淆。

3.　件 3(底座)與件 4(搖臂)厚度須「輪磨」加工。

4.　件 3(底座)公告圖面 φ6H7 四個定位銷孔(上視圖)爲左上右下，從背面加工應爲右上左下。

5.　件 5(偏心轉軸)偏心量 3mm，量錶校正須轉 6mm。

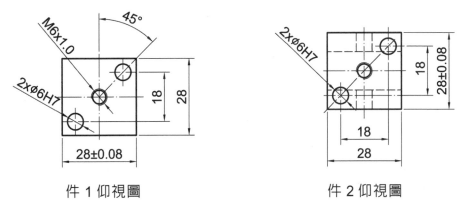

件 1 仰視圖　　　　　　　　　　　件 2 仰視圖

圖 5　件 1、件 2 之仰視圖

四、其他：

　　　件 4 的 R8 圓弧須銼削，銼削前可先倒角去除大部分材料，最後再銼削圓弧，每次銼
削範圍約 1/4～2/3 圓，分 2～3 次完成，圓弧加工方式如圖 6(a)～(c)所示。銼削過程適時
以圓弧規(R 規)檢查，確保圓弧正確性與平滑度。圓弧規如圖 6(d)所示。

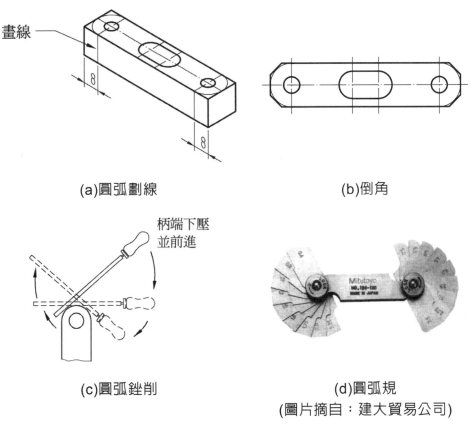

(a)圓弧劃線　　　　　　　　　　　(b)倒角

(c)圓弧銼削　　　　　　　　　　　(d)圓弧規
　　　　　　　　　　　　　　　　(圖片摘自：建大貿易公司)

圖 6　圓弧銼削方式

　　圓弧除銼削加工外，也可先用 R8 成形銑刀銑削，最後再以銼刀修除銑削刀痕。成形銑刀如圖 7，圓弧銑削步驟參閱如圖 8，說明如下：

圖 7　成形銑刀

1. R8 成形銑刀底部在工件「表面」對刀，如圖 8(a)所示。

2. 進刀 2mm，R8 刃部在工件「側面」對刀，使刃部與工件相切，如圖 8(b)、(c)。

3. 銑刀向下分 3～4 次進刀並銑削。

4. 總進刀深度約 8mm (因各銑刀而異)，使圓弧與上方平面相切，如圖 8(d)。

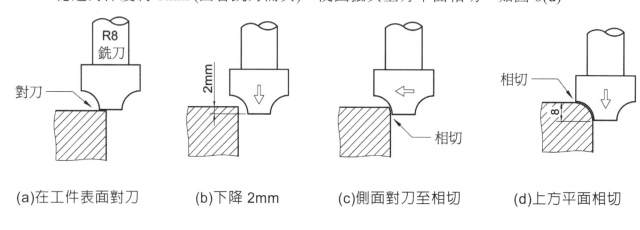

(a)在工件表面對刀　　(b)下降 2mm　　(c)側面對刀至相切　　(d)上方平面相切

圖 8　圓弧銑削步驟

題號：18500-106201 (搖擺機構)

步驟/工作簡圖	工作程序說明
準備工作 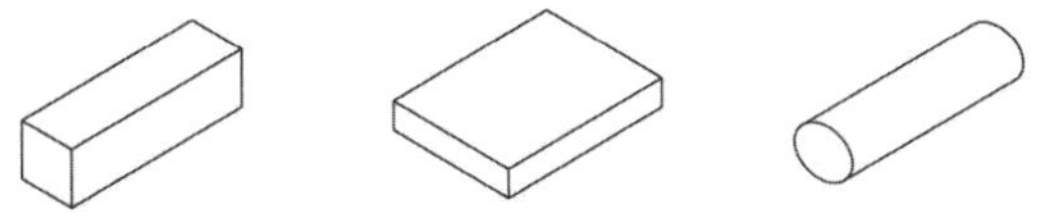 32×32×110　16×100×75　φ38×110L	**詳閱工作圖、檢查材料與零件數量** 材料 3 件：尺寸如左圖所示 零件 6　定位銷 φ6m6×20L　4 支 零件 7　磨光銷 φ6h7×28L　1 支 零件 8　內六角承窩螺釘 M6×1.0　2 支 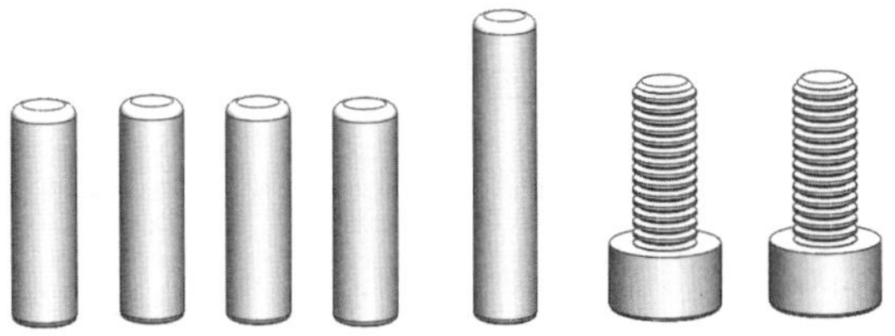
步驟一 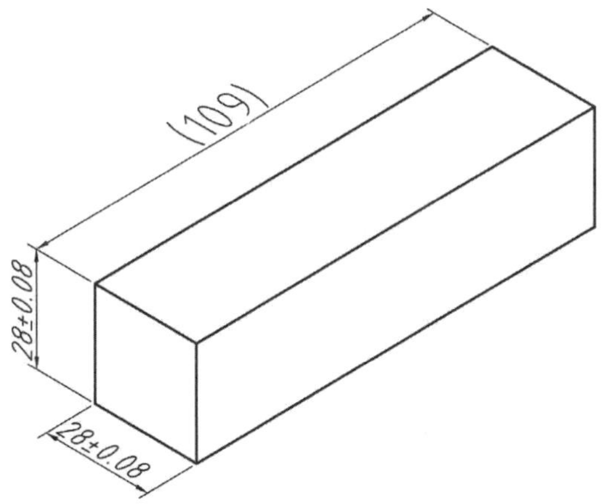 (109) 28±0.08 28±0.08 件 1、件 2 共用材料 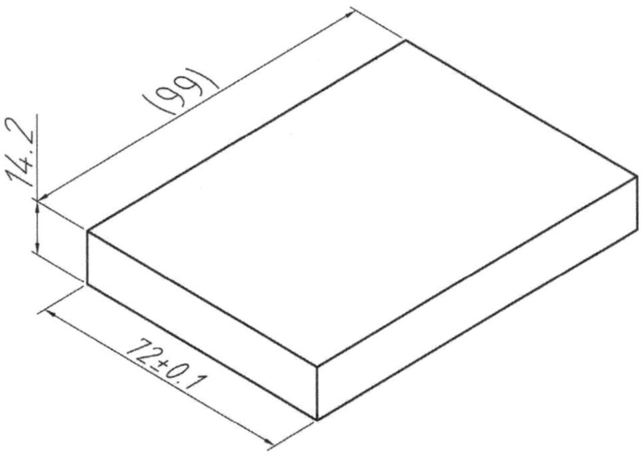 (99) 14.2 72±0.1 件 3、4 共用材料	**六面體銑削** 1.　塊料：$\boxed{28\pm0.08}$ × 28 × (109) 　　(1)　件 1、件 2 共用材料。 　　(2)　長度注意垂直度，無須控制尺寸精 　　　　　度，盡量保留最大長度。 　　註：件 1、件 2 之長度與寬度為 28×28，其公 　　　　差一邊 ±0.08，另一邊 ±0.5，建議將都加 　　　　工至 28±0.08，避免方向發生混淆。 2.　板料：$\boxed{72\pm0.1}$ × 14.2 × (99) 　　(1)　件 3、4 共用材料。 　　(2)　厚度 14.2(14+預留磨削量 0.1～0.2) 　　(3)　長度 99mm 注意垂直度。

201

步驟二	劃線與鋸切

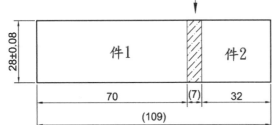
分割件 1、件 2
 	
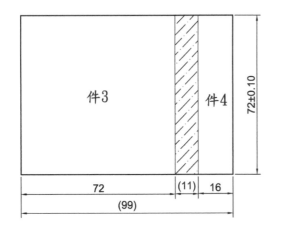
	1. 塊料
	    (1) 劃線尺寸分別為 70、32。
	    (2) 從中間斜線處鋸斷,如左圖所示,分成件 1、件 2。
	
	2. 板料
	    (1) 劃線尺寸分別為 72、16。
	    (2) 暫先不分割材料。

步驟三	**銑削鋸切面**
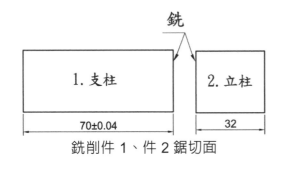 銑削件 1、件 2 鋸切面	以面銑刀,銑削件 1 ～ 件 2 鋸切面,並完成尺寸: 1. 件 1 長度 70±0.04 。 2. 件 2 長度 32。
步驟四	**件 1～ 件 4 劃線**

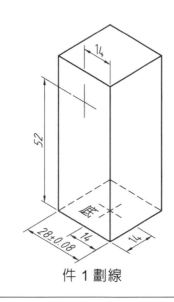
件 1 劃線
	1. 件 1 劃線 (※注意 28±0.08 有方向性)
	    (1) 劃 φ16H7 鉸孔位置:52、14。
	    (2) 底部劃 M6×1 螺紋孔位置:14、14 (中央處)。

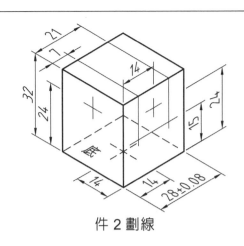

件 2 劃線

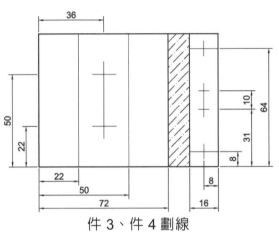

件 3、件 4 劃線

2. 件 2 劃線　(※注意 28±0.08 有方向性)

　　(1) 劃 φ6H7 鉸孔位置：24、14。

　　(2) 底部劃 M6 螺紋孔位置：14、14 (中央處)。

　　(3) 劃直槽位置，如左圖。

　　(4) 在直槽位置鑽一孔直徑小於 14，便於銑銷溝槽。

3. 件 3、件 4 劃線

　　(1) 件 3 底部
　　　　劃直槽位置：22、50。(槽寬 28)
　　　　劃 M6 沉頭孔位置：22、50，36。

　　(2) 件 4
　　　　劃 φ6H7 鉸孔位置與長形孔中心，如左圖所示。

※劃畢線條以游標卡尺檢查，確認無誤再進行後續工作

步驟五

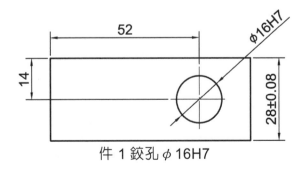

件 1 鉸孔 φ16H7

件 1～ 件 4 鑽孔、鉸孔、攻螺紋

1. 件 1 鉸孔

　　(1) 裝置工件並定位，平行塊避開鑽孔位置。

　　(2) 尋邊器(400 ～ 600rpm)尋邊，左上角為(0,0)，移至 X52. Y-14.

　　(3) 鉸孔程序如下圖所示：

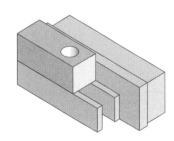

中心鑽　　導孔　　φ15.8　倒角0.5　　φ16鉸孔

轉數 1200　　　　500　　　200　　200 rpm

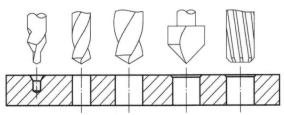

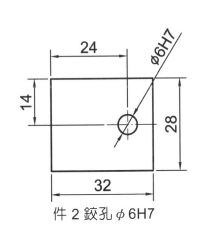

件 2 鉸孔 φ6H7

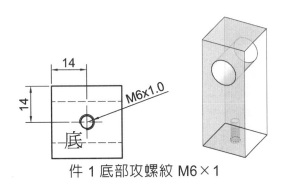

件 1 底部攻螺紋 M6×1

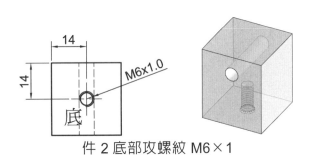

件 2 底部攻螺紋 M6×1

2.　件 2 鉸孔

(1)　裝置工件並定位，

(2)　移至 X24. Y-14.

(3)　鉸孔 φ6H7，程序如下圖所示。

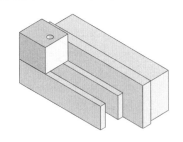

中心鑽	φ5.8	倒角0.5	φ6鉸孔
轉數 1200	1200	400	400 rpm

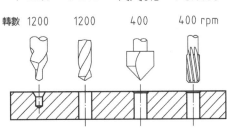

3.　件 1、件 2 攻螺紋

(1)　件 1 底面朝上，定位至 X14. Y-14.。

(2)　鑽孔 φ5.0、深 12mm，攻 M6 螺紋，工作程序如下圖所示。

(3)　件 1 攻螺紋後，改置件 2，同位置，同上述程序鑽孔、攻牙。

※注意：件 2 鑽孔深度，勿過深，以免觸及直槽底部形成貫穿孔。

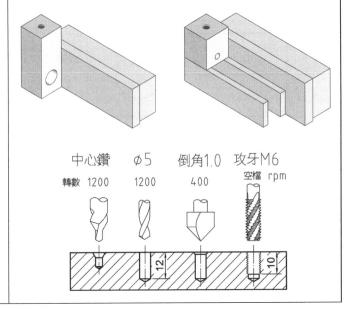

中心鑽	φ5	倒角1.0	攻牙M6
轉數 1200	1200	400	空檔 rpm

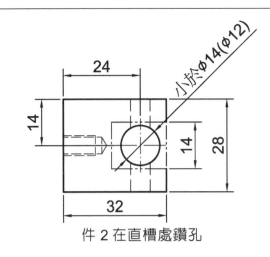

件 2 在直槽處鑽孔

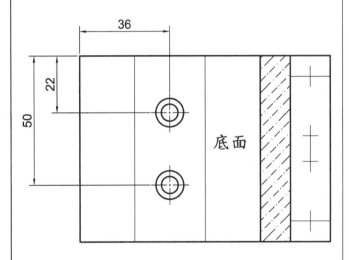

底面

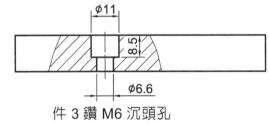

件 3 鑽 M6 沉頭孔

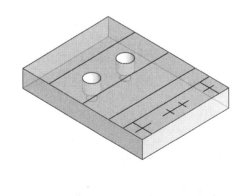

(4) 件 2 在直槽處鑽孔，孔徑小於 φ14(約 φ12)，中心 X24. Y-14.。

※注意：該孔中心軸線須鉸孔 φ6H7 垂直相交

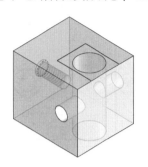

4. 件 3 鑽 M6 沉頭孔

(1) 件 3 底面朝上，移至 X36. Y-22.

(2) 鑽 M6 沉頭孔，深 8.5(6.5+2)，如下圖所示。

(3) Y 移至 Y-50.，鑽第 2 孔。

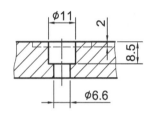

中心鑽	φ6.6	M6沉頭孔
轉數 1100	1100	660 rpm

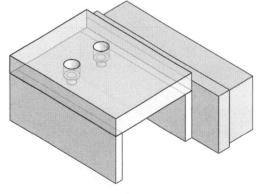

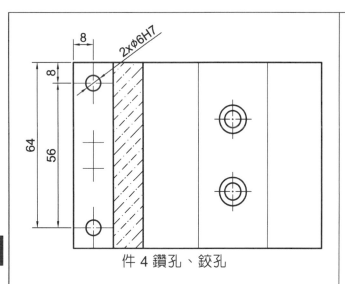

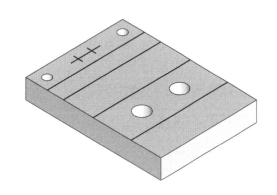

件 4 鑽孔、鉸孔

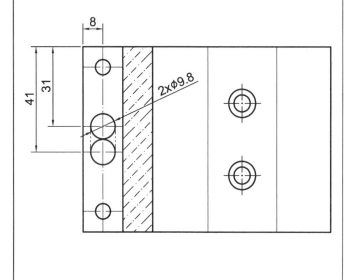

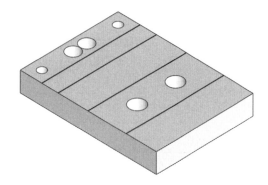

5. 件 4 鑽孔、鉸孔

(1) 裝置工件並定位,注意平行塊避開鑽孔位置。

(2) 移至 X8.、Y-8.與 Y-64.,鑽孔 φ 5.8、鉸孔 φ 6H7,如下圖所示。

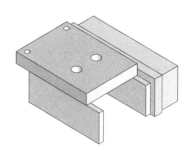

中心鑽	φ5.8	倒角0.5	φ6鉸孔
轉數 1200	1200	400	400 rpm

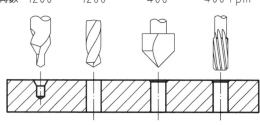

(3) 移至 Y-31.與 Y-41.,鑽 φ 9.8。

(4) 鑽完孔,工件勿卸除,準備銑削長形槽。

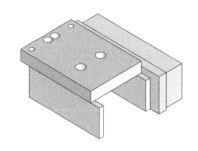

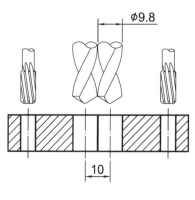

步驟六

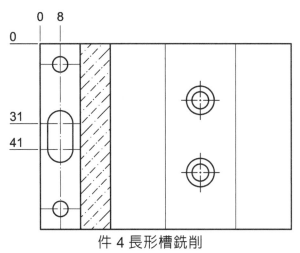

件 4 長形槽銑削

件 4 長形槽銑削

1. 以 $\phi 8$ 粗銑刀(1000rpm)粗銑削長形孔，刀具移至 X8±0.8，Y 軸在 Y-31. ~ Y-41. 間進給。

2. 以 $\phi 10$ 端銑刀精銑長形槽，移至 X8、Y-31.，貫穿工件，進給至 Y-41.，控制槽寬 $10^{+0.06}_{0}$。

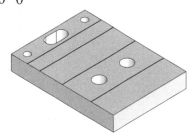

步驟七

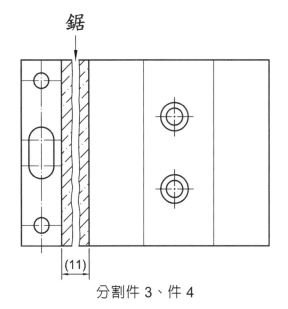

分割件 3、件 4

銑削件 3、件 4 鋸切面

件 3、件 4 鋸切與銑削

1. 從斜線處鋸斷，如左圖所示，(或以銑刀鋸斷)，分成件 3、件 4。

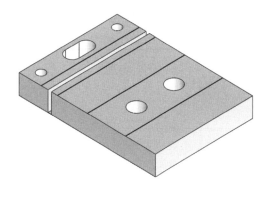

2. 銑削件 3、件 4 鋸切面，並完成寬度尺寸：
   (1) 件 3：72mm。
   (2) 件 4：16±0.06。

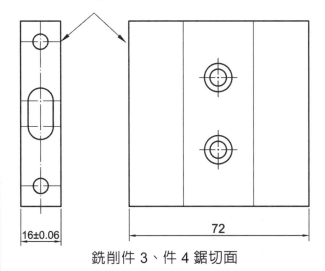

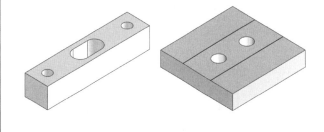

201

201

步驟八	件 3 銑削直槽

步驟八

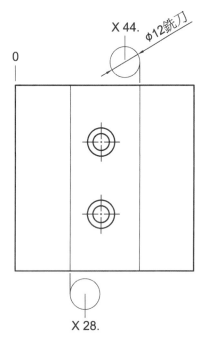

X 44.　φ12銑刀

0

X 28.

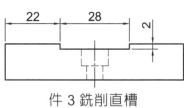

22　28　2

件 3 銑削直槽

件 3 銑削直槽

1. 裝置工件(沉頭孔朝上)，並定位。

2. 以 φ12 端銑刀(660rpm)，銑削「底面」直槽。

3. 先粗銑削，再精加工，槽深度 2mm。

　(1) 銑刀移至 X28. (22+R)，Y 軸進給，完成邊距 22mm。

　(2) 銑刀移至 X44. (50-R)，Y 軸進給，完成寬度 28mm。

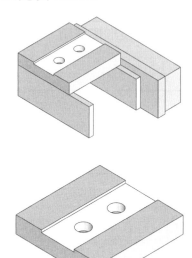

步驟九

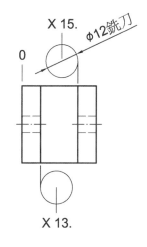

X 15.　φ12銑刀

0

X 13.

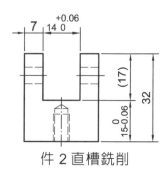

7　$14^{+0.06}_{0}$

(17)　32　$15^{0}_{-0.06}$

件 2 直槽銑削

件 2 直槽銑削

1. 裝置工件，並定位。

2. φ12 粗銑刀(660rpm)粗銑削直槽，深度分層銑削至 16.5 mm。

3. 換 φ12 精銑刀：

　(1) 完成直槽底部尺寸 $15^{0}_{-0.06}$。

　(2) 移至 X13. (7+R)，完成尺寸 7mm。

　(3) 移至 X15. (21-R) 完成槽寬 $14^{+0.06}_{0}$。

4. 卸除工件後，以手工鉸刀再次通過 φ6 鉸孔，去除孔內毛邊。

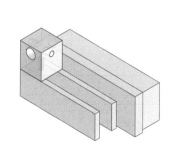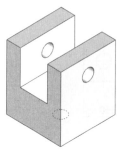

步驟十

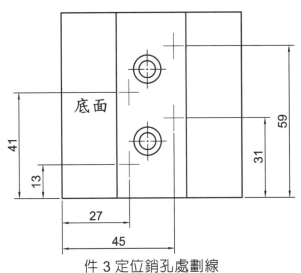

件 3 定位銷孔處劃線

件 3 劃線

件 3 底面劃 4 支定位銷孔之位置，尺寸如左圖，以便裝配時鑽定位銷孔。

※注意：定位銷孔劃線位置，仰視圖為右上左下，與正面成鏡射關係。

定位銷孔位置錯誤

步驟十一

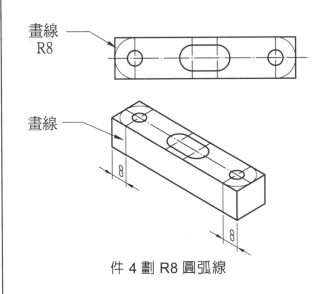

件 4 劃 R8 圓弧線

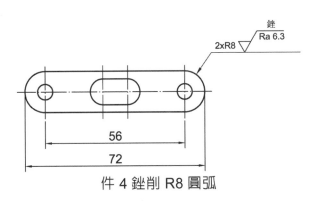

件 4 銼削 R8 圓弧

件 4 圓弧 R8 劃線

1. 以高度規劃 8mm 側邊四條直線。
2. 用圓弧規(R 規)或準備 ϕ6、ϕ16 階級圓柱放入孔內，如下圖所示，劃 R8 圓弧線。

件 4 圓弧銼削

以圓弧線為基準，銼削 R8 圓弧。

說明：

1. R8 亦可先以圓弧銑刀加工，惟最後必須以銼刀去除銑削刀痕，以符合「銼削加工面」之要求。
2. 為減少銼削量，四個角可先去除(銑或銼)，倒角量勿超過 3.31mm，如下圖示。

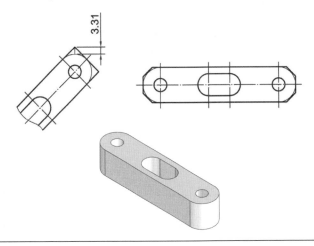

201

步驟十二

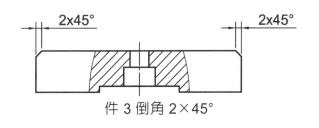

件 3 倒角 2×45°

件 3 倒角

以倒角銑刀在「與直槽平行」之兩側倒角 2×45°。或將工件偏置 45° 以面銑刀倒角。

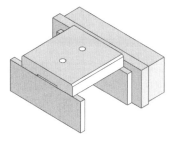
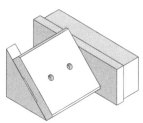

※勿混淆倒角方向：

1.　倒角在正面，即小孔徑在上之面。
2.　僅在「與直槽平行」兩側倒角

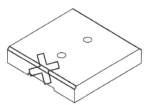

步驟十三

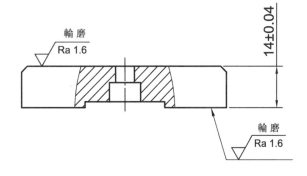

14 ± 0.04

輪磨 Ra 1.6

輪磨 Ra 1.6

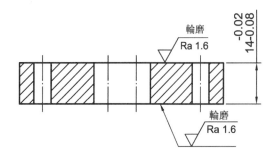

$14^{-0.02}_{-0.08}$

輪磨 Ra 1.6

輪磨 Ra 1.6

件 3、件 4 一起研磨厚度

件 3、件 4 平面磨削

1.　件 3、件 4 一起磨削厚度，如下圖所示。
2.　研磨兩面，厚度 14 ± 0.04 (件 3)。
3.　卸下件 3 (底座)，繼續磨削件 4 (再進刀約 0.05mm)，完成尺寸 $14^{-0.02}_{-0.08}$。

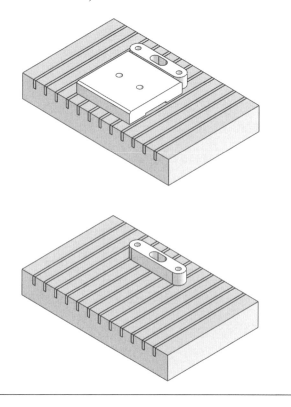

步驟十四

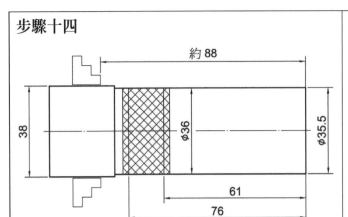

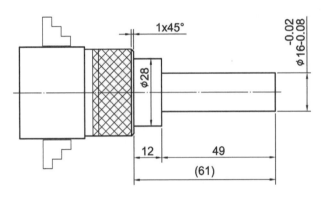

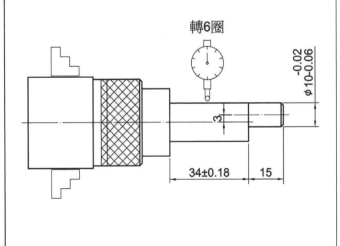

件 5 車削加工(材料 φ38×110)

1. 伸出約 88 長。

2. 車外徑 φ35.5，長度大於 76(約 80mm)。
   粗車 700、精車 1200 rpm。

3. 壓花 φ36(轉數約 100rpm、進給率 0.3 ～ 0.4)，壓花位置如左圖所示。

4. 粗車外形 φ28.5×61 長，φ16.5×49 長 (外徑預留 0.5mm)。

5. 精修端面、控制階級長度 49、12mm。

6. 精車外徑 φ28、$\phi 16^{-0.02}_{-0.08}$。

7. 壓花處倒角 1×45°，如圖所示。

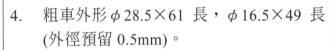

8. 偏心 3mm。量錶在 φ16 處校正，量錶轉 6 圈。

9. 車削外徑 $\phi 10^{-0.02}_{-0.06}$，長度約 15，以控制 φ16 長度 34±0.18 為主。

10. φ10 前端倒角 1×45°。

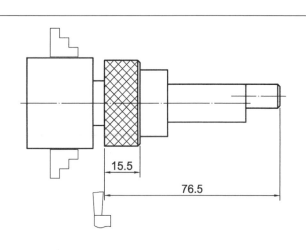

15.5

76.5

11. 切斷，轉數約 325 rpm。

12. 控制壓花處長度約 15.5mm(預留端面精修量 0.5)。

校正

15

76

13. 換端夾持 ϕ16，加裝保護環，校正中心。

14. 修端面、控制全長 76mm，或壓花長度 15mm。

15. 壓花處倒角 1×45°。

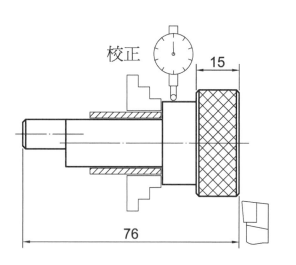

步驟十五　定位與組裝

1. 件 1(支柱)、件 2(立柱)以 M6 螺釘固定在底座上。

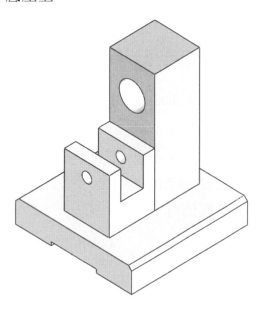

2. 件 4(搖臂)以 ϕ6h7 磨光銷銷接在直槽內，並能順暢擺動。

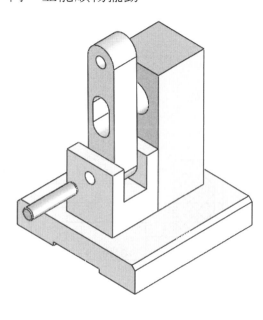

3. 件 5(轉軸)穿過立柱與搖臂，迴轉偏心轉軸使搖臂擺動。

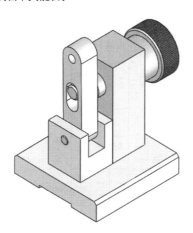

4. 卸除偏心轉軸與搖臂，裝置在虎鉗上。
注意：夾持方向如圖(a)，以免件 2 直槽變形，如圖(b)。

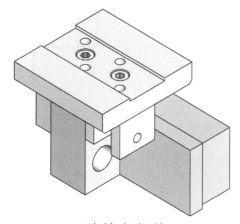

(a)夾持方向(佳)

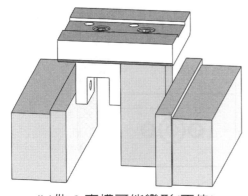

(b)件 2 直槽可能變形(不佳)

5. 底面四個定位銷孔，逐一鑽孔 ϕ 5.8、深 24mm →鉸孔 ϕ 6H7→裝入定位銷，共 4 支。

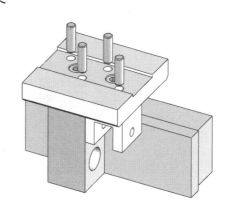

6. 裝回搖臂、磨光銷、偏心轉軸，確定搖臂能順暢擺動。

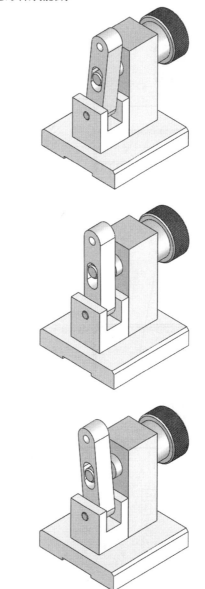

7. 完成組立，交件。

202

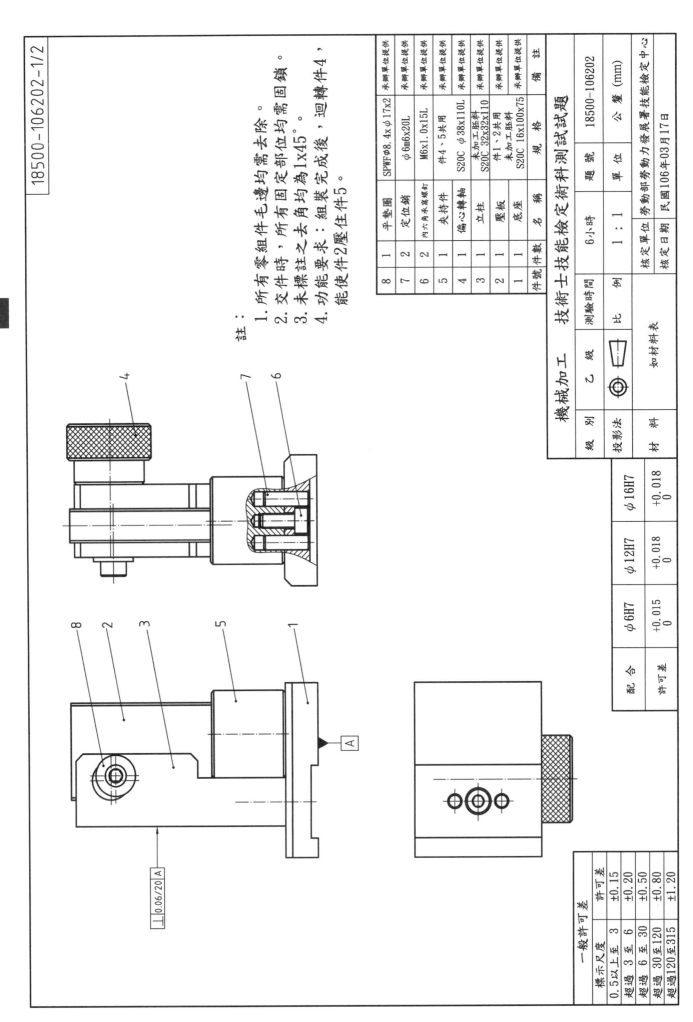

18500-106202-1/2

註：
1. 所有零組件毛邊均需去除。
2. 交件時，所有固定部位均需固鎖。
3. 未標註之去角均為1x45°。
4. 功能要求：組裝完成後，迴轉件4，能使件2壓住件5。

件號	件數	名 稱	規 格	備 註
8	1	平墊圈	SPWFφ8.4xφ17x2	承辦單位提供
7	2	定位銷	φ6m6x20L	承辦單位提供
6	2	內六角承窩螺釘	M6x1.0x15L	承辦單位提供
5	1	夾持件	件4、5共用	承辦單位提供
4	1	偏心轉軸	S20C φ38x110L	承辦單位提供
3	1	立柱	未加工胚料 S20C 32x32x110	承辦單位提供
2	1	壓板	件1、2共用	承辦單位提供
1	1	底座	未加工胚料 S20C 16x100x75	承辦單位提供

機械加工		技術士技能檢定術科測試試題		
級 別	乙 級	測驗時間	6小時	題 號 18500-106202
投影法	(第一角法)	比 例	1：1	單 位 公 釐 (mm)
材 料	如材料表			核定單位 勞動部勞動力發展署技能檢定中心
				核定日期 民國106年03月17日

配 合	φ6H7	φ12H7	φ16H7
許可差	+0.015 0	+0.018 0	+0.018 0

⏚ 0.06/20 A

一般許可差	
標示尺度	許可差
0.5以上至 3	±0.15
超過 3 至 6	±0.20
超過 6 至 30	±0.50
超過 30至120	±0.80
超過120至315	±1.20

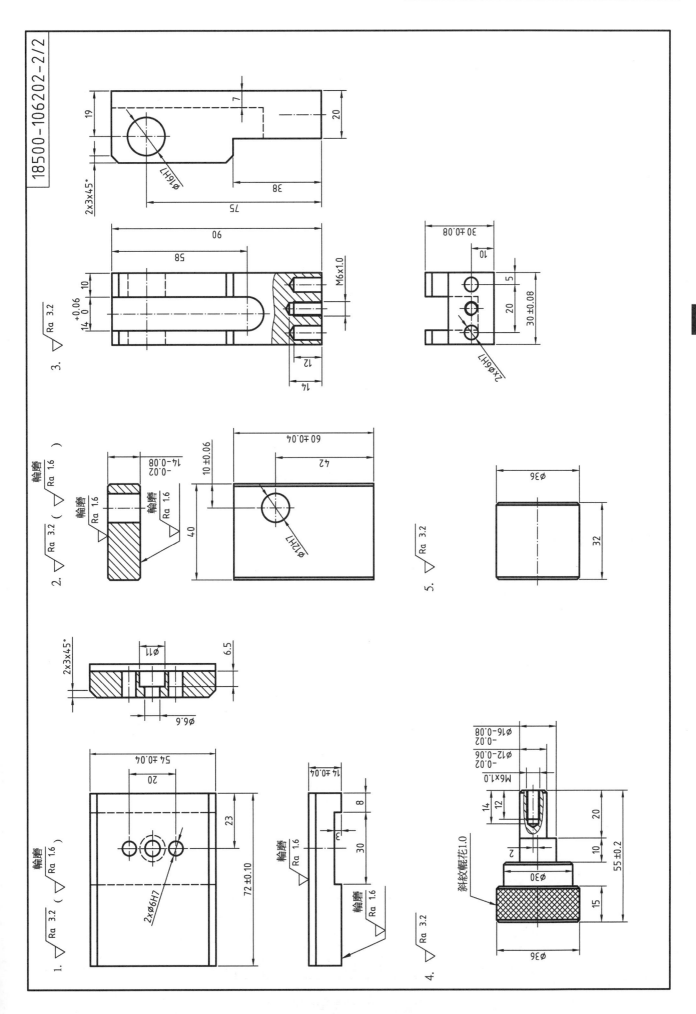

18500-106202-2/2

18500-106202 試題分析、材料使用與注意事項

一、試題分析：

　　　此題為「滑塊機構」，功能要求是迴轉件 4（偏心轉軸）藉偏心軸帶動件 2 上、下運動，並能壓住下方圓柱(件 5)。

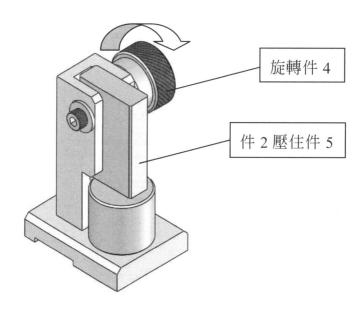

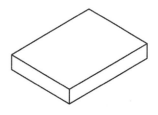

圖 1　試題 202 組合圖與功能要求

二、材料使用：

　材料一：16×100×75

1.　件 1、件 2 共用，材料使用如圖 2。

2.　厚度 14 mm、均須輪磨。

3.　六面體銑削→72×14.2×(99)，厚度預留輪磨量 0.2mm；長度注意垂直度銑平即可。

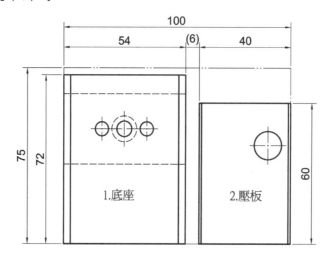

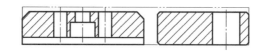

圖 2　板料使用情形

材料二：32×32×110

1.　件 3 用，材料使用如圖 3。

2.　長度 90mm(去除量約 20mm)。

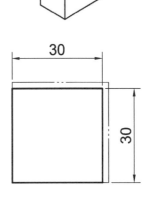

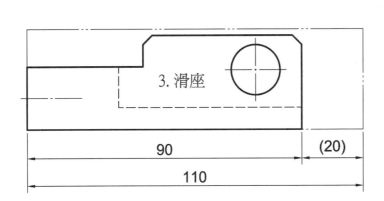

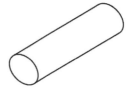

圖 3　塊料使用情形

材料三：φ38×110

1.　件 4、件 5 共用，材料使用如圖 4。

2.　件 4 長度 55mm、件 5 長度 32mm，多餘 23mm 供夾持與切斷。

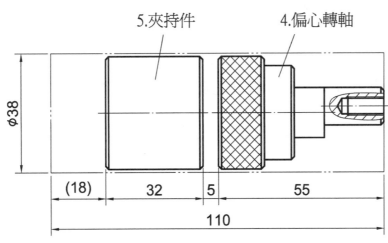

圖 4　圓料使用情形

三、注意事項：

1. 件 3 與件 4 配合情況如圖 5(a)所示。件 4 尺寸如圖 5(b)所示，20 與 10mm 均為一般公差(±0.5)。若長度太短，配合時會將件 4 與件 3 鎖緊，如圖 5(c)所示，導致件 4 無法轉動。所以，件 4 尺寸 20mm 應予加大，配合後，使件 4 件 3 留有適當餘隙，如圖 5(d)所示，件 4 方可順利轉動。

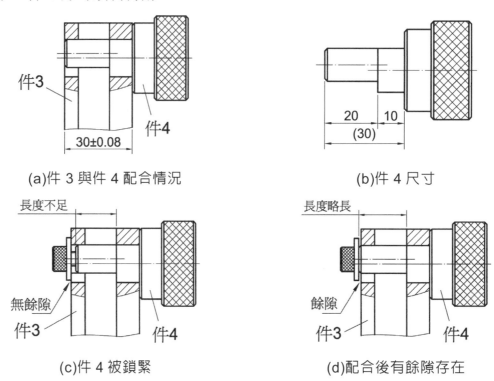

(a)件 3 與件 4 配合情況　　　　　　　　(b)件 4 尺寸

(c)件 4 被鎖緊　　　　　　　　(d)配合後有餘隙存在

圖 5　件 3 與件 4 配合情況

2. 件 5 長度 32mm (公差±0.8)，件 2 上下死點距離件 1 為 31～35mm，如圖 6(a)、(b)所示。若件 5 長度太短與件 3 圓孔 φ16H7 中心距離 75mm(±0.8)過大，可能導致件 2 無法壓住下方圓柱。所以，件 5 長度 32(±0.8)與件 3 之 φ16H7 中心距離 75(±0.8)製造誤差勿太大。

3. 裝配後，若發現件 2 未能壓住下方圓柱，解決方法：銑除件 3 底部(長度 90±0.8)使底座上方機構往下平移。

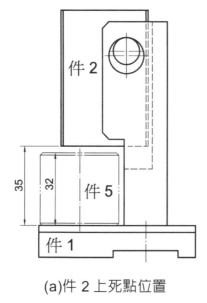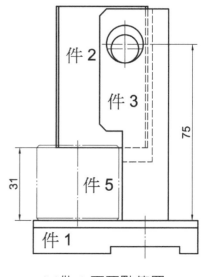

(a)件 2 上死點位置　　　　　　　　(b)件 2 下死點位置

圖 6　件 2 上下死點位置

4. 件 3 直槽寬度 14mm、深度 23mm、底部剩餘材料少，建議先以鑽頭鑽孔再銑削，且加工過程加注充足冷卻劑，降低切削溫度，避免嚴重變形。

5. 裝配後，件 3 有垂直度要求如圖 7(a)所示，依每 20mm 不超過 0.06mm 計算，垂直度需控制在 0.31mm 以內[註：(90+14)×0.06/20≒0.31]。若未能符合試題要求，解決方法：件 3 裝置在銑床虎鉗上，固定方式如圖 7(b)，利用虎鉗本身垂直度，以面銑刀輕輕修整一刀，即可符合垂直度要求。

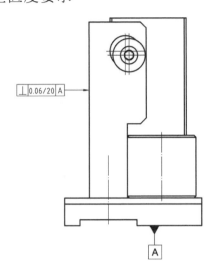 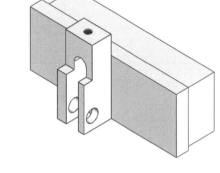

(a)組合後垂直度要求　　　　　　(b)垂直度修整方式

圖 7　組合後垂直度要求與修整方式

6. 裝配後，件 4(偏心轉軸)與件 3 槽底有可能發生干涉現象。因件 4 轉動過程會帶動件 2 運動，當偏心轉軸 φ12 在最右側時，件 2 與件 3 槽底有 4mm 間隙，如圖 8(a)所示；在最左側時，件 2 正好與件 3 槽底接觸，如圖 8(b)所示。若偏心轉軸無法全周轉動，屬正常現象。因槽底尺寸 7mm(±0.5)，若做正值(槽深不足 23mm)，件 2 運動過程勢必與槽底發生干涉，但試題僅要求件 2 能壓住件 5，並未要求偏心轉軸須全周運轉。

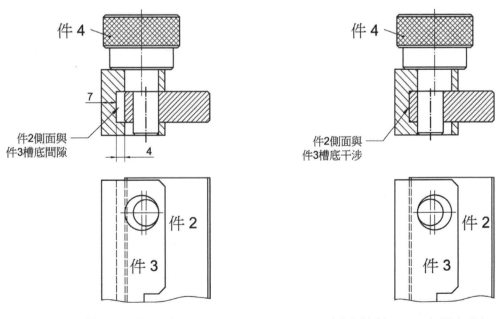

(a)偏心轉軸 φ12 在最右側　　　　(b)偏心轉軸 φ12 在最左側

圖 8　偏心轉軸轉動位置之影響

題號：18500-106202 (滑塊機構)

步驟/工作簡圖	工作程序說明
準備工作 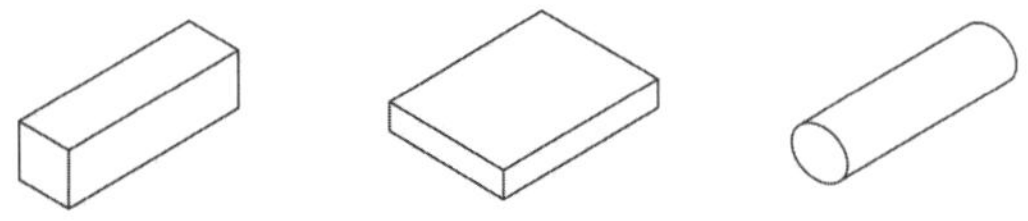 32×32×110　16×100×75　φ38×110L	**詳閱工作圖、檢查材料與零件數量** 材料 3 件：尺寸如左圖所示 零件 6　M6×1.0×15L　內六角承窩螺釘 2 支 零件 7　φ6m6×20L　定位銷 2 支 零件 8　M6 平墊圈 1 件 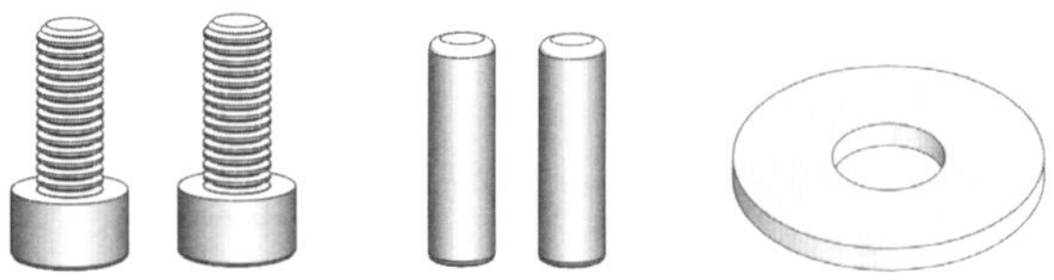
步驟一 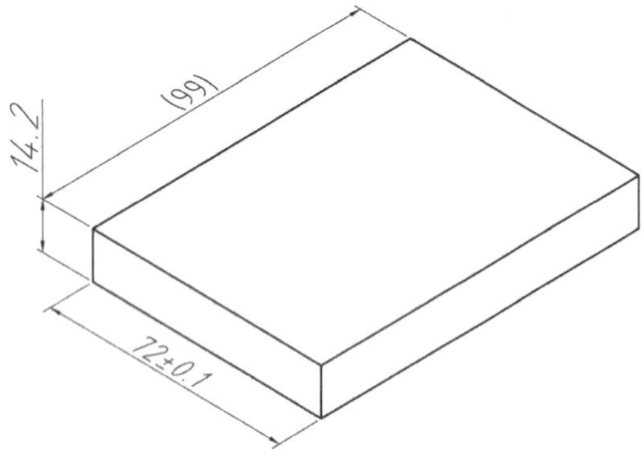 14.2　(99)　72±0.1 件 1、件 2 共用 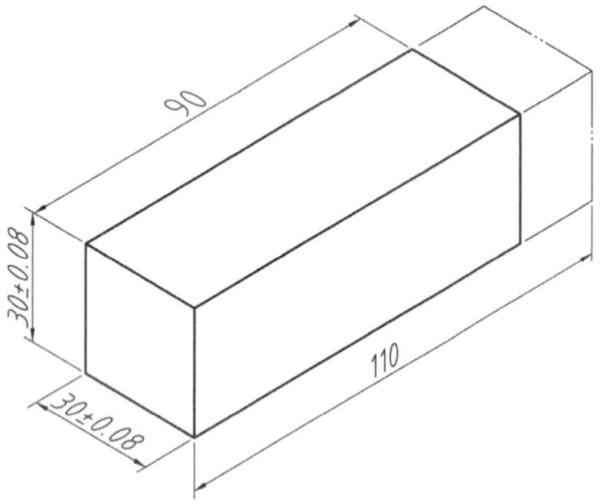 90　30±0.08　30±0.08　110 件 3	**六面體銑削** 1.　板料尺寸：72±0.1 ×(99)×14.2 　　(1)　件 1、件 2 共用材料。 　　(2)　厚度 14.2 (14+預留磨削量 0.1～0.2)。 　　(3)　長度注意垂直度，不須控制尺寸。 2.　塊料尺寸：30±0.08 × 30±0.08 ×90 　　(1)　件 3 材料。 　　(2)　寬度與高度公差±0.08。 　　(3)　長度去除量約 20mm，注意垂直度，裝配後有垂直度要求。

步驟二	劃線與鋸切
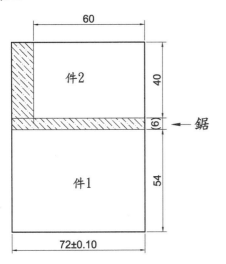	1. 劃線:如左圖,高度分別為 54、40 與 60。 2. 斜線處為多餘材料,分割件 1 與件 2。
步驟三	銑削鋸切面
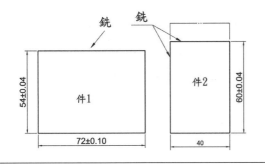	銑削件 1、件 2 鋸切面,控制尺寸: 1. 件 1:完成寬度 54±0.04 。 2. 件 2:完成寬度 40、長度 60±0.04 。
步驟四	劃線
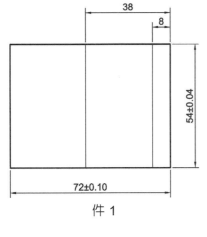 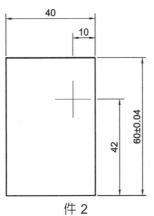	1. 件 1 劃底部直槽:高度分別 8、38,如左圖。 2. 劃件 2 鉸孔處:高度分別 10、42。

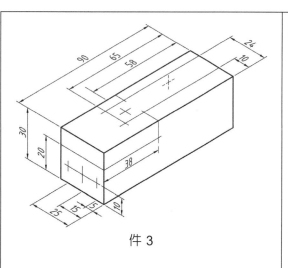

件 3

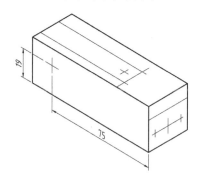

3. 件 3 劃線：如左圖與下圖所示。

※劃畢線條以游標卡尺檢查，確認無誤再進行後續工作

步驟五

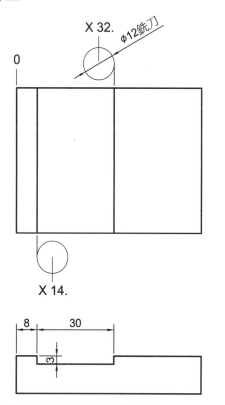

件 3 直槽銑削

1. 裝置工件、尋邊，左上角爲(0,0)。
2. 以 φ12 端銑刀(660rpm)，銑削「底面」直槽。
3. 先粗銑削，再精加工，深度 3mm。
   (1) 銑刀定位至 X14. (8+R)，邊距 8mm。
   (2) 銑刀定位至 X32. (38-R)，槽寬 30mm。

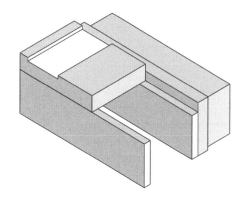

步驟六

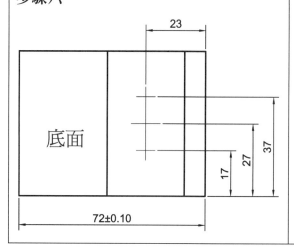

件 3 槽底劃線

高度分別 17、27、37 與 23。

202

步驟七

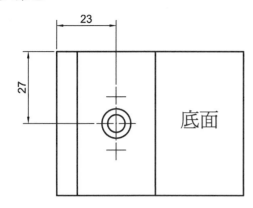

件 1 鑽 M6 柱坑孔

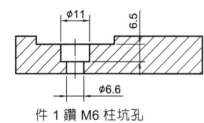

件 3 底部攻螺紋

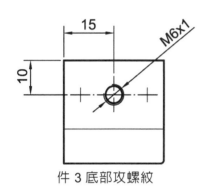

件 2 鉸孔 φ12H7

件 1～ 件 3 鑽孔、鉸孔、攻螺紋

1. 件 1 鑽柱坑孔

   (1) 件 1 底面(直槽)朝上裝置並定位，移至 X23.
       Y-27.，鑽 M6 沉頭孔、深度 6.5，如下圖所
       示。

   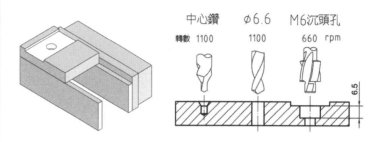

2. 件 3 底面攻螺紋

   (1) 裝置件 2，定位至 X15. Y-10.。

   (2) 鑽孔 φ5.0、深 14mm，攻 M6×1 盲孔螺紋、
       深 12，工作程序如下圖。

   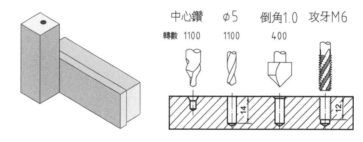

3. 件 2 鉸孔

   (1) 裝置件 2 並定位，移至 X18. Y-10.。(注意 10
       公差±0.06)，下方平行塊避開。

   (2) 鉸孔 φ12H7，程序如下圖所示。

   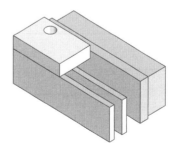

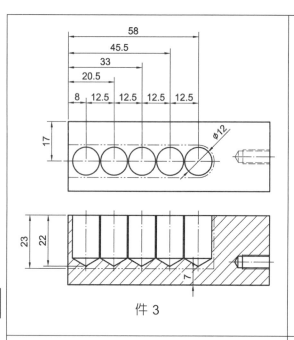

件 3

4.　件 3 鑽孔

(1)　裝置件 3 高出鉗口 10mm 以上並定位，移至 X8. Y-17.，鑽孔 φ12(或 11.8)、深度 22mm(勿超過 23)。

(2)　再依序至 X20.5、X33. X45.5、X58.，鑽孔 φ12。共 5 孔，如左圖。

(3)　鑽畢，勿卸工件。

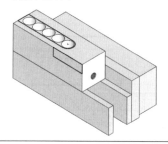

步驟八

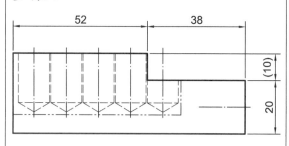

件 3 階級銑削

以端銑刀或其他刀具銑削階級，控制階級寬度 38、深度 10mm(底邊高度 20)。

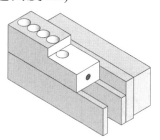

步驟九

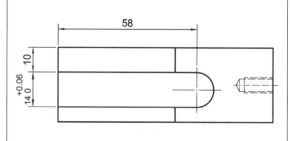

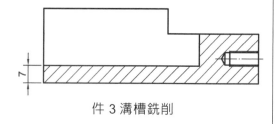

件 3 溝槽銑削

件 3 溝槽銑削

1.　以 φ12 粗銑刀(約 660rpm)，移至直槽中心 Y-17.mm。

2.　粗銑槽寬，深度 22.5(分成 2 ～ 3 次銑削)，X 軸進給至 X58.。

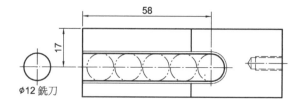

3.　槽寬預留 0.1～0.2m，以 0.2mm 為例，Y 軸再位移±0.8mm (Y-16.2、Y-17.8)、深 22.8mm(預留 0.2mm)。

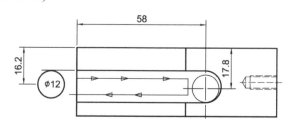

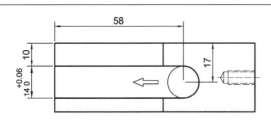

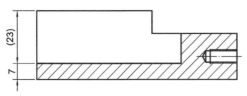

4. 精銑削槽寬

  (1) 以 ϕ14 端銑刀(約 660rpm)，移至直槽中心 X58.、Y-17.。

  (2) 深度進給至 23mm，左右方向進給移出銑刀，

  (3) 並控制槽寬14 $^{+0.06}_{\ \ 0}$ ，底部 7mm。(7 以負公差為宜)。

※注意：直槽深度 23m，寬度易有上下差，可準備厚 14mm 之材料嘗試配合(或先輪磨件 2，以件 2 配合)，必要時再修整槽寬。

步驟十

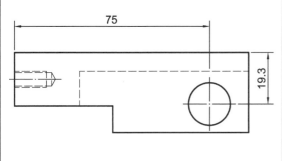

件 3 鉸孔 ϕ16H7

1. 裝置件 3 並定位，下方平行塊避開。

2. 移至 X75. Y-19.3

  (尺寸 19，加大 0.3，避免裝配干涉！)

3. 鉸孔 ϕ16H7，工作程序如下圖。

4. 鑽孔須緩慢進給，因直槽下方無中心孔引導。

5. 去除槽內因鉸孔所產生的毛邊，以免影響配合。

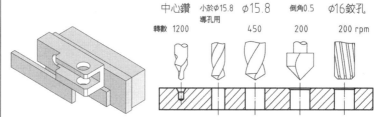

步驟十一

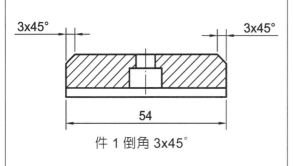

件 1 倒角 3x45°

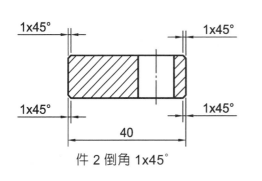

件 2 倒角 1x45°

件 1～ 件 3 倒角

以倒角銑刀(1000rpm)進行倒角，或工件偏置 45°以面銑刀倒角：

1. 件 1 在長度方向倒角 3×45°(2 處)。

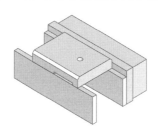 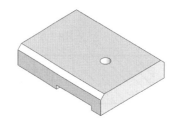

2. 件 2 在長度方向倒角 1×45°(4 處)。

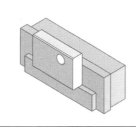 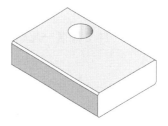

3. 件 3 在島嶼兩側倒角 3×45°。

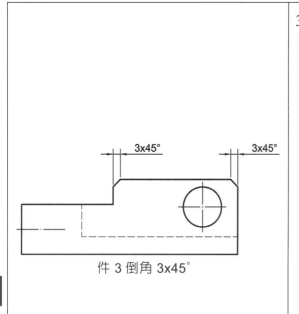

件 3 倒角 3x45°

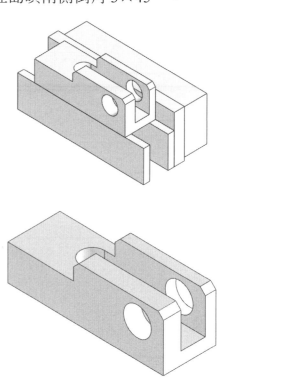

步驟十二

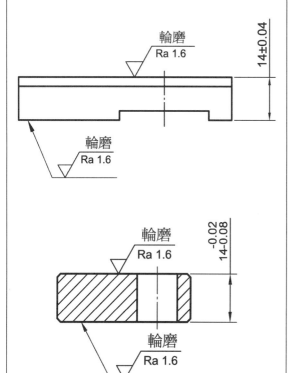

件 1、件 2 厚度一起研磨

件 1、件 2 平面磨削

1. 件 1 與件 2 一起置於磨床磁性夾頭上，研磨厚度，固定方式如下圖所示。

2. 研磨兩面，厚度 14±0.04 (件 1 尺寸)。

3. 卸下件 1(底座)，繼續磨削件 2(約再進刀 0.05mm)，完成厚度 $14^{-0.02}_{-0.08}$。

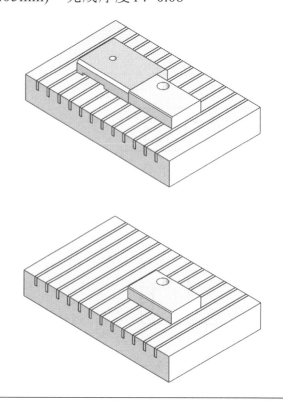

步驟十三

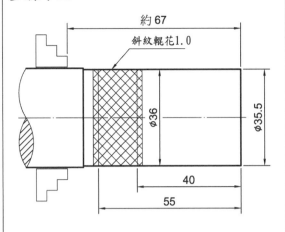

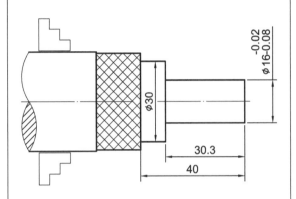

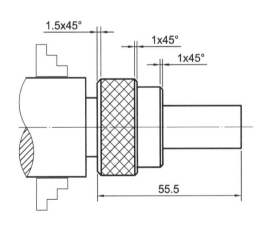

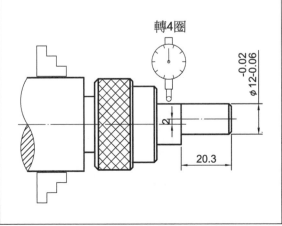

件4、件5車削加工(材料 φ38×110L)

1.　車削件 4

(1)　伸出約 67 長。

(2)　車外徑 φ35.5、長度大於 55mm(約 60mm)。

(3)　壓花 φ36 (轉數約 100 rpm、進給率 0.3 ~ 0.4)，壓花位置如左圖所示。

(4)　粗車外形 φ30.5×40 長，φ16.5×30.3 長(外徑預留 0.5mm)。

(5)　精修端面、控制階級長度 40、30.3mm。(避免裝配被件 4 鎖緊，故加長 0.3 mm)

(6)　精車外徑 φ30、$\phi 16^{-0.02}_{-0.08}$，如左圖所示。

(7)　在長度 55.5mm 處切槽(壓花長度 15.5)，轉數約 325 ~ 700 rpm。

(8)　φ30 處及壓花右側倒角 1×45°、左側倒角 1.5×45°。

(9)　偏心 2 mm，量錶測軸對準工件中心，校正 φ16 處並偏心 2 mm (量錶轉 4mm)。

(10)　車削外徑 $\phi 12^{-0.02}_{-0.06}$、長度 20.3。

(11)　φ12 前端倒角 1×45°。

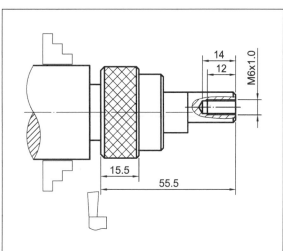

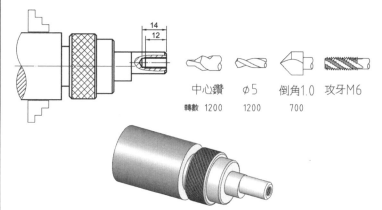

(12) 鑽中心孔 ϕ 3.2(1200 rpm) → 鑽孔 ϕ 5.0、深度 14 →攻 M6×1、深度 12mm。程序如下圖：

(13) 切斷，轉數約 325 ~ 700 rpm。

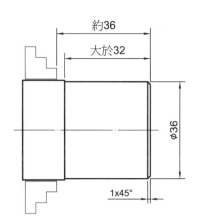

2.　車削件 5

(1)　拉出材料約 36 長。

(2)　修斷面，車削外徑 ϕ 36，長度大於 32(約 34mm)。

(3)　端面倒角 1×45°。

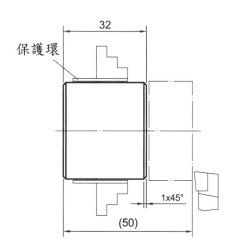

(4)　換端夾持，加裝保護環，車除多餘材料，控制長度 32。(公差±0.8，以正值為宜，避免無法被夾緊)。

(5)　端面倒角 1×45°。

3.　件 4 換端修端面

件 4 換端，夾持 ϕ 30 處或夾持壓花處，加裝保護環，修端面、控制總長度 55±0.2mm(壓花處長度 15mm)。

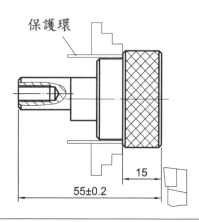

步驟十四　定位與組裝

1. 件 3(立柱)以 M6 螺釘固定在底座上，注意件 3 垂直度要求。

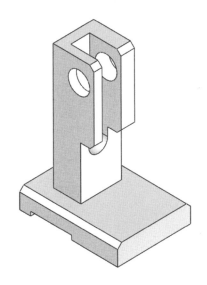

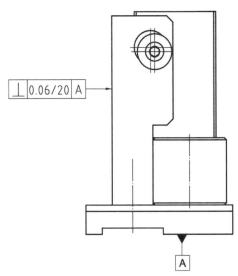

2. 件 2(壓板)裝入件 3 直槽內，偏心轉軸貫穿件 3、件 2，迴轉偏心轉軸使件 2 能順暢運動。

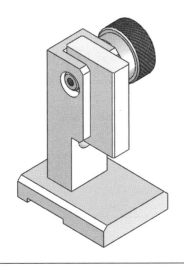

3. 件 5(夾持件)置於下方，迴轉件 4 確定件 2 能將件 5 夾緊。

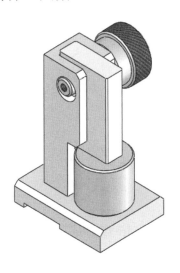

4. 卸除零件，僅留件 1 與件 3，如下圖所示。

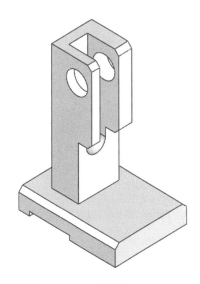

5. 底面鑽孔 ϕ 5.8、深度 23mm (11+12)
   → 鉸孔 ϕ 6H7，裝入 ϕ 6m6 定位銷。

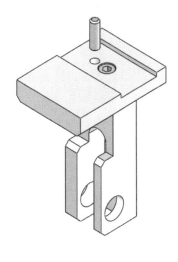

6. 同上步驟，鑽另一孔→ 鉸孔 ϕ6H7，裝入第 2 支定位銷。

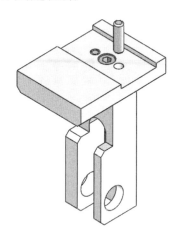

7. 裝回件 2、4，M6 螺釘加裝平墊圈鎖入件 4。

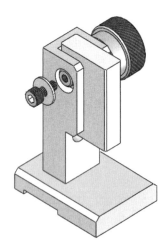

8. 件 5 置於件 2 下方，轉動轉軸夾緊件 5，完成組立交件。

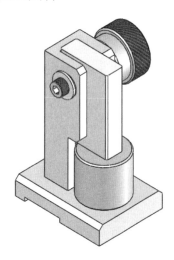

202

18500-106203-1/2

註：
1. 所有零組件毛邊均需去除。
2. 交件時，所有固定部位均需固鎖。
3. 未標註之去角均為1x45°。
4. 功能要求：組裝完成後，迴轉件5，
可使件4壓住件6。

件號	件數	名 稱	規 格	備 註
7	4	內六角承窩螺釘	M6x1.0x15L	承辦單位提供
6	1	夾持件	件5、6共用	承辦單位提供
5	1	偏心轉軸	S20C φ38x110L	承辦單位提供
4	1	滑塊	件3、4共用 未加工胚料 S20C 32x32x110	承辦單位提供
3	1	滑座		承辦單位提供
2	1	固定塊	件1、2共用 未加工胚料 S20C 16x100x75	承辦單位提供
1	1	底座		承辦單位提供

級 別	乙 級	測驗時間	6小時	題 號	18500-106203
投影法		比 例	1：1	單 位	公 釐 (mm)
材 料	如材料表			核定單位	勞動部勞動力發展署技能檢定中心
				核定日期	民國106年03月17日

機械加工 技術士技能檢定術科測驗試題

配 合	φ6H7	φ12H7	φ16H7
許可差	+0.015 / 0	+0.018 / 0	+0.018 / 0

一般許可差
標示尺度	許可差
0.5以上至 3	±0.15
超過 3 至 6	±0.20
超過 6 至 30	±0.50
超過 30至120	±0.80
超過120至315	±1.20

203

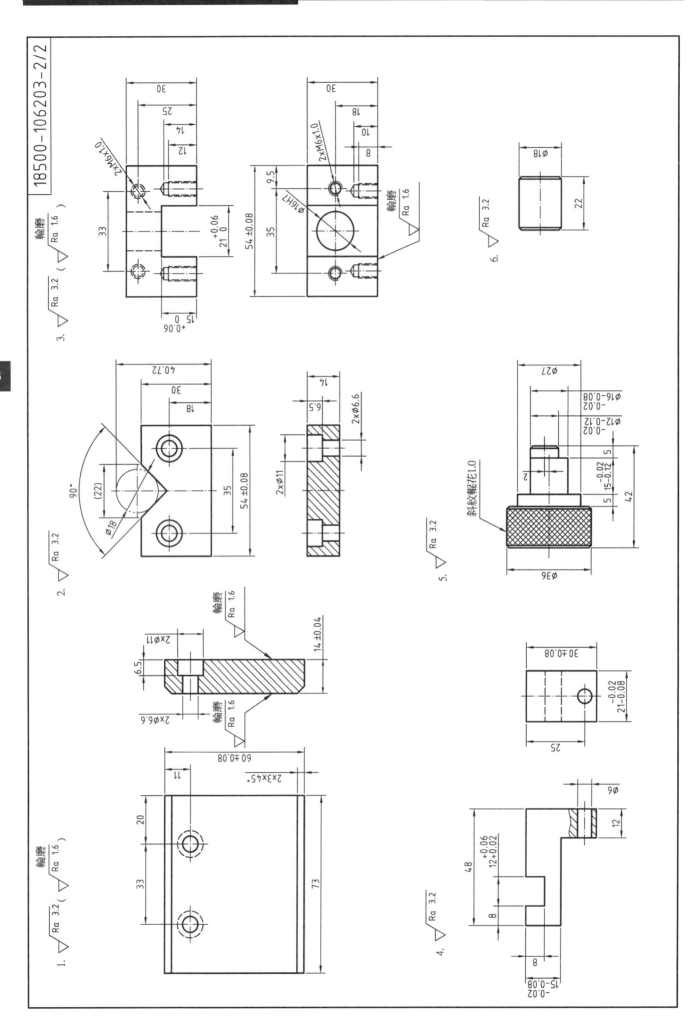

18500-106203-2/2

18500-106203 試題分析、材料使用與注意事項

一、試題分析：

　　此題為「鑽模夾具」之機構，組合情形如圖 1，功能要求是旋轉件 5 藉偏心軸促使滑塊(件 4)上下運動，並夾緊 V 形槽內的圓柱(件 6)。

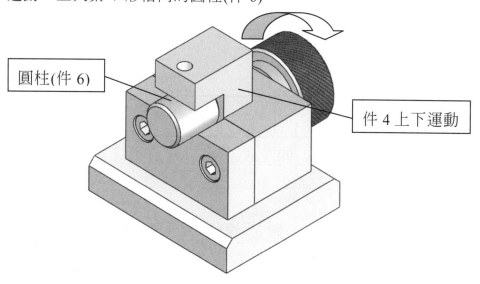

圖 1　試題 203 組合圖與功能要求

二、材料使用：

材料一：16×100×75

1. 件 1、件 2 共用，材料使用如圖 2。

2. 件 1 厚度須輪磨。

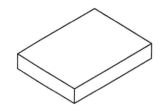

3. 六面體銑削→73×14.2×(99)，厚度預留輪磨量 0.2mm，長度兩端注意垂直度銑平即可。

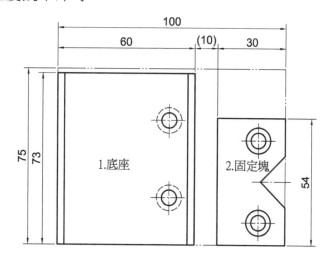

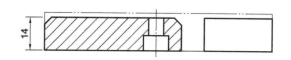

圖 2　板料使用情形

材料二：32×32×110

1. 件 3、件 4 共用，材料使用如圖 3。

2. 件 3 尺寸 30×30×54、件 4 尺寸 21×30×48。

3. 件 3 高度 30±0.5，底部須輪磨，輪磨量約 0.1mm，銑削時，可不須考慮輪磨預留量。

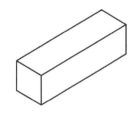

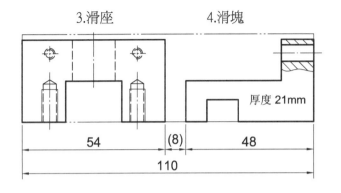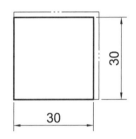

圖 3　塊料使用情形

材料三：ϕ38×110

1. 件 5、件 6 共用，材料使用如圖 4。

2. 件 5 長度 42mm、件 6 長度 22mm，多餘 46mm 供夾持與切斷。

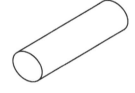

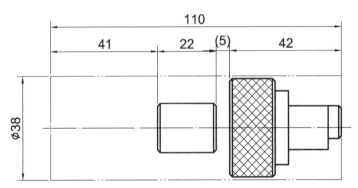

圖 4　圓料使用情形

三、注意事項：

1. 件 4 上方小圓孔的目的是引導鑽頭在圓柱上鑽孔，如同「鑽模夾具」。唯試題僅要求夾緊圓柱，無須鑽孔，圓柱也沒有中心定位要求，算是容易的試題。

2. 件 4 先加工外形，如圖 5 所示，減少鋸切斷面積，增加鋸切速度。

圖 5　減少鋸切斷面積

3.　精確加工 V 形槽的深度及中心位置，在銑床相關書籍中會有詳細的介紹，讀者可自行
　　參閱。本試題 V 形槽為一般公差，又無功能上的要求，尺寸如圖 6(a)所示。該處是否
　　有必要做得非常精準，就留給你自行決定吧！在此僅以線條為基準，說明 V 形槽的加
　　工方式與完成 40.72mm 的尺寸要求，請參閱圖 6(b)～(f)，相關步驟如下：

(1)　劃 V 形槽上下界線與中心線，如圖 6(b)。

(2)　以三角形板將工件裝置成 45°，如圖 6(c)。

(3)　以端銑刀前後方向銑削，不要銑到線條並預留，如圖 6(d)。(或以端銑刀刀尖對 V
　　　形槽中心線，X、Z 進刀量＝11×0.707＝7.78，並預留)。

(4)　放置 φ18 圓棒測量，如圖 6(e)，算出實際尺寸 M 與 40.72 之誤差值。

(5)　尺寸修正：X、Z 各進刀＝誤差值×0.707，示意圖如圖 6(f)所示。

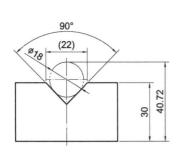

(a)件 2 V 形槽尺寸

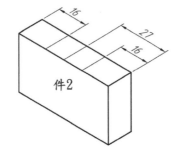

(b)劃 V 形槽界線

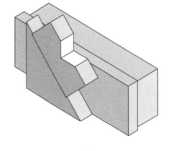

(c)工件裝置成 45°

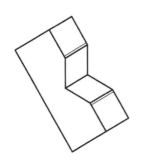

(d)端銑刀銑削並預留

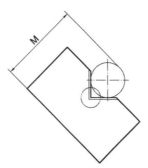

(e)端銑刀銑削並預留

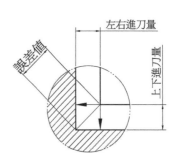

(f)誤差量修正量示意圖

圖 6　V 形槽加工步驟圖

203

4. 工作圖中件 2 之 V 形槽是以 ϕ 18 圓棒輔助量測，因 ϕ 18 圓棒較不易取得，除非先做件 6。否則可改用 ϕ 16 或 ϕ 12 圓棒(端銑刀柄徑)輔助量測，其測定值分別爲 38.31 與 33.48，如圖 7(a)、(b)所示。

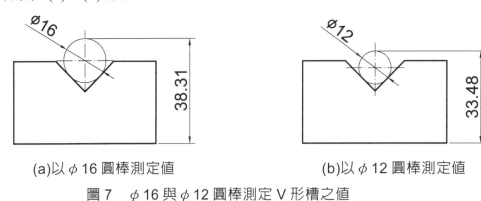

(a)以 ϕ 16 圓棒測定值　　　　(b)以 ϕ 12 圓棒測定值

圖 7　 ϕ 16 與 ϕ 12 圓棒測定 V 形槽之值

題號：18500-106203 (鑽模夾具)

步驟/工作簡圖	工作程序說明
準備工作 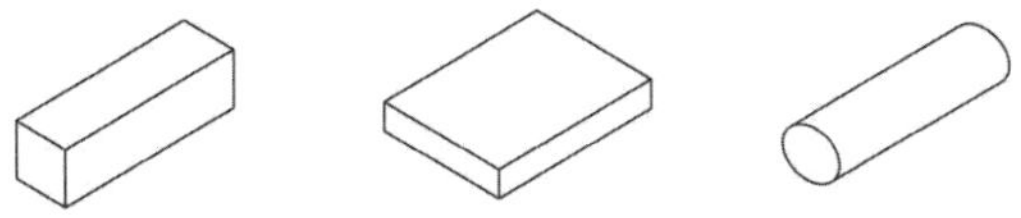 32×32×110　　16×100×75　　φ38×110L	**詳閱工作圖、檢查材料與零件數量** 材料 3 塊：尺寸如左圖所示 零件 7　內六角承窩螺釘 M6×1.0　4 支 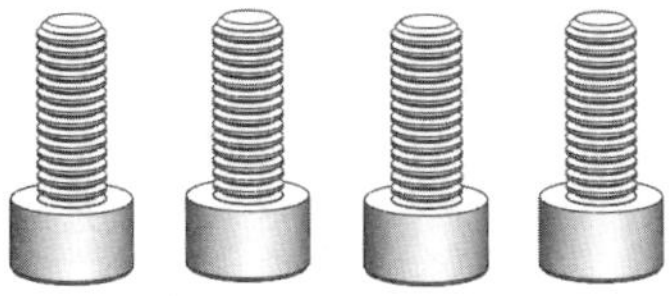
步驟一 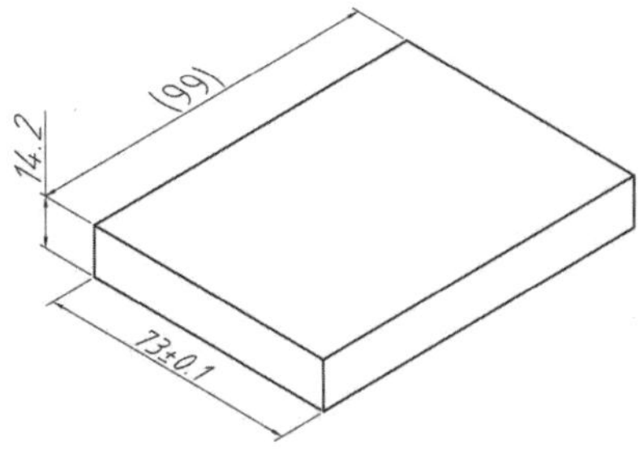 (99) 14.2 73±0.1 件 1、2 共用 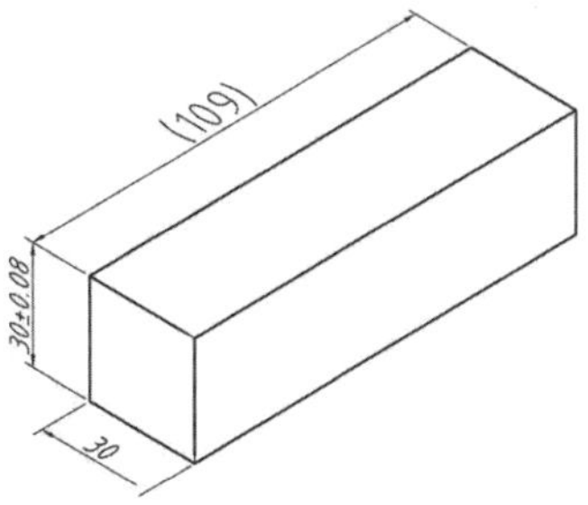 (109) 30±0.08 30 件 3、4 共用	**六面體銑削** 1.　板料尺寸：73×14.2×(99) 　　(1)　件 1、件 2 共用材料。 　　(2)　厚度 14.2 (14+預留磨削量 0.1～0.2)。 　　(3)　長度 99，注意垂直度，無須控制尺寸精度。 2.　塊料尺寸：30 × 30±0.08 × (109) 　　(1)　件 3、件 4 共用材料。 　　(2)　高度 30±0.08，因件 4 高度有公差要求。 　　(3)　長度 109，注意垂直度，無須控制尺寸精度。
步驟二 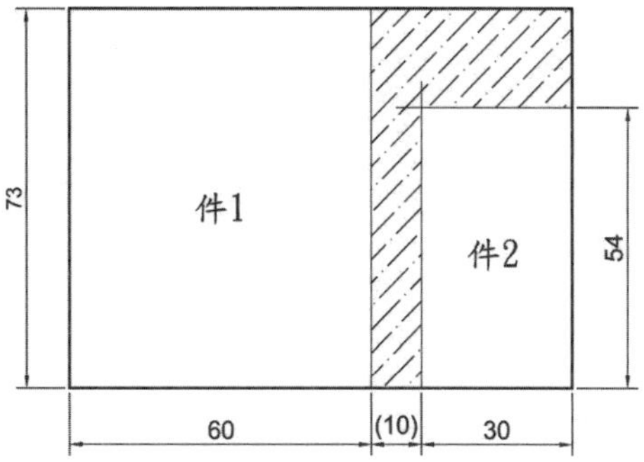 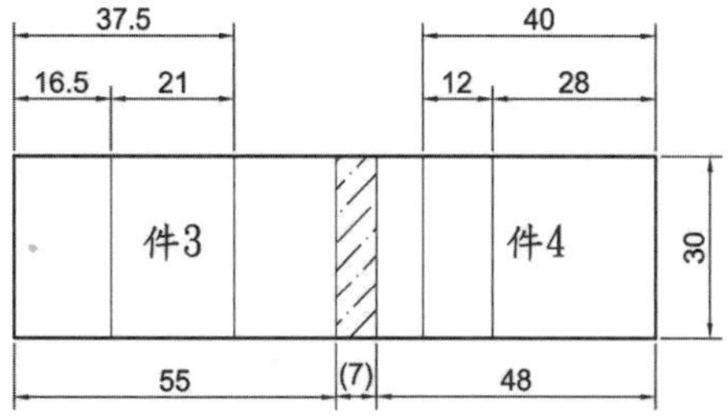 73 件1　件2 54 60　(10)　30 37.5　　40 16.5　21　12　28 件3　件4 30 55　(7)　48	**劃線** 1.　板料 　　(1)　劃線：如左圖所示。 　　(2)　斜線處為多餘材料。 2.　塊料 　　(1)　劃線：如左圖所示。 　　(2)　斜線處為多餘材料，約 7mm。 　　(3)　注意件 4 尺寸 30±0.08 之方向。 ※劃畢線條以游標卡尺檢查，確認無誤再進行鋸斷工作

203

步驟三	件3、件4 直槽銑削
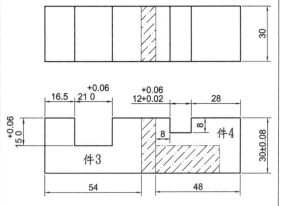	1. 工件高出鉗口 15mm 以上。
	2. 以 ϕ12 端銑刀(660rpm)銑削件 3 直槽，直槽距離左側 16.5、寬 $21^{+0.06}_{0}$、深 $15^{+0.06}_{0}$。
	3. 以 ϕ10 端銑刀(1000rpm)銑削件 4 直槽，直槽距離右側 28、寬 $12^{+0.06}_{+0.02}$、深 8。如左圖所示。
	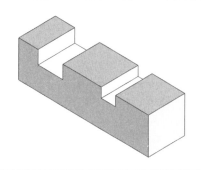

件3、件4 直槽銑削

1. 工件高出鉗口 15mm 以上。
2. 以 ϕ12 端銑刀(660rpm)銑削件 3 直槽，直槽距離左側 16.5、寬 $21^{+0.06}_{0}$、深 $15^{+0.06}_{0}$。
3. 以 ϕ10 端銑刀(1000rpm)銑削件 4 直槽，直槽距離右側 28、寬 $12^{+0.06}_{+0.02}$、深 8。如左圖所示。

步驟四	件4 階級銑削
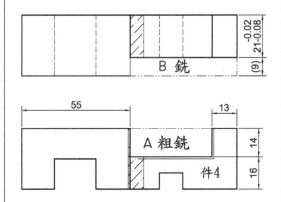	1. 裝置工件，高出鉗口 15mm 以上。
	2. 粗銑 A 處直槽如下圖，深度 14、距離右側 13、距離左側 55(各邊預留約 1mm)，尺寸如左圖。(也可不預留，直接加工至圖面尺寸)
	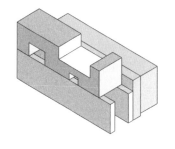 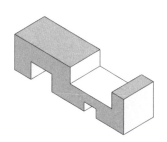
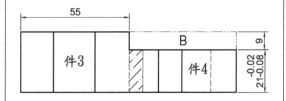	3. 工件翻轉，重新裝置，高出鉗口 9mm 以上，如下圖所示。
	4. 以端銑刀或面銑刀銑削 B 處階級，深度約 9、完成件 4 厚度 $21^{-0.02}_{-0.08}$。(此處也可預留約 0.1mm，最後以平面磨床磨削)
	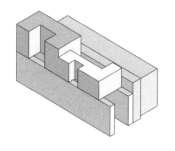 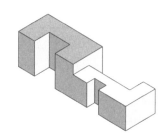

件4 階級銑削

1. 裝置工件，高出鉗口 15mm 以上。
2. 粗銑 A 處直槽如下圖，深度 14、距離右側 13、距離左側 55(各邊預留約 1mm)，尺寸如左圖。(也可不預留，直接加工至圖面尺寸)
3. 工件翻轉，重新裝置，高出鉗口 9mm 以上，如下圖所示。
4. 以端銑刀或面銑刀銑削 B 處階級，深度約 9、完成件 4 厚度 $21^{-0.02}_{-0.08}$。(此處也可預留約 0.1mm，最後以平面磨床磨削)

步驟五	銑削與鋸切

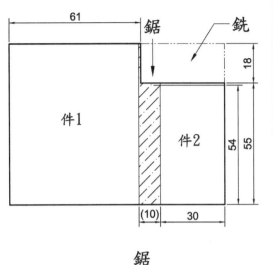

1. 以 φ50 面銑刀(約 600rpm)或端銑刀銑削件 2 尺寸 54±0.08 或預留 1mm(55)最後再加工，如左圖。

2. 鋸切，如左圖沿斜線部分鋸斷材料(或以小直徑銑刀銑斷)，分成件 1 與件 2。

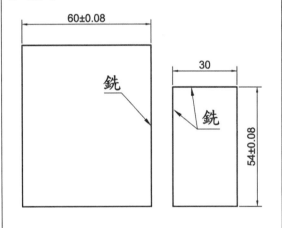

3. 鋸切，如左圖沿斜線部分鋸斷材料，分成件 3 與件 4。

步驟六	銑削鋸切面

以面銑刀銑削件 1、件 2 鋸切面：

1. 件 1 寬度 60±0.08。
2. 件 2 寬度 30，長度 54±0.08。

3. 銑削件 3 鋸切面，長度 54±0.08。

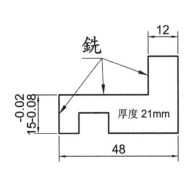

4. 銑削件 4 鋸切面如左圖，長度 48。

5. 銑削件 4 階級，右側尺寸 12、底部高度 $15^{-0.02}_{-0.08}$。

步驟七	**件1～件4劃線**

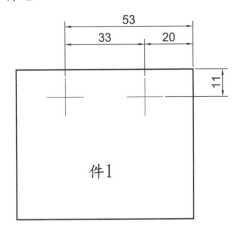

件1

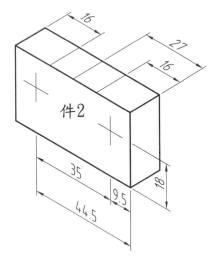

件2

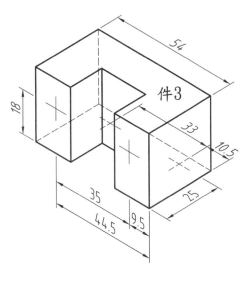

件3

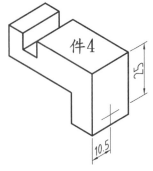

件4

1. 件1劃線

   劃 M6 沉頭孔位置，尺寸如左圖。

2. 件2劃線

   (1) 劃 M6 沉頭孔位置：9.5、44.5 及 18。

   (2) V 形槽劃線，如左圖所示。劃出 V 形槽中心位置 27，與上、下限：27±11。

3. 件3劃線

   (1) 劃 M6 螺紋孔，如左圖所示。注意正面與底面 M6 中心距離不同，分別是：33 與 35。

   (2) 注意高度 18mm 方向性，上下未對稱，如下圖。

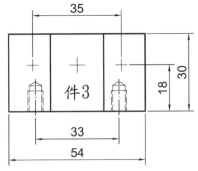

件3

4. 件4劃線

   劃 φ6 位置，尺寸如左圖所示。

步驟八	V 形槽銑削
	1. 以三角規或 V 形枕，將工件裝置成 45°，如下圖所示。 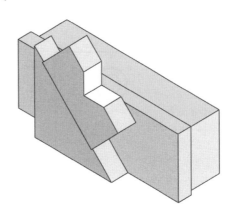 2. 以端銑刀刀尖對準中間劃線位置，X、Z 軸向進刀量 7.78mm (11×0.707＝7.78)。 3. 銑削時先預留尺寸，加工後，放置 ϕ18 圓棒測量，算出實際尺寸與 40.72 之誤差值。 4. 尺寸修正：X、Z 進刀量＝誤差值×0.707。 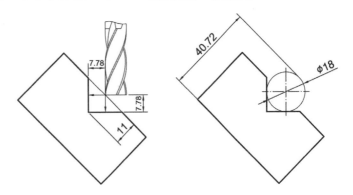 說明： 1. 該處公差±0.8，可參考線條進行加工，只要細心一點，應可達公差要求，如下圖所示。 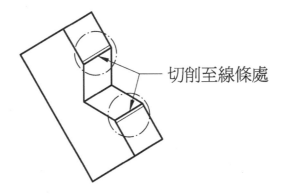切削至線條處 2. 若用 ϕ12 或 ϕ16 圓棒測定值如本書第 3-42 頁注意事項圖 7 所示。

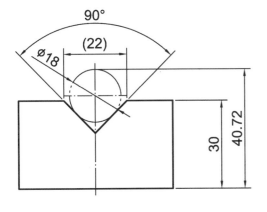

203

步驟九	件1～件4 鑽孔、鉸孔、攻螺紋

步驟九

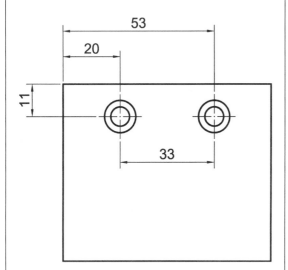

53
20
11
33

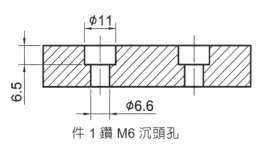

φ11
6.5
φ6.6

件 1 鑽 M6 沉頭孔

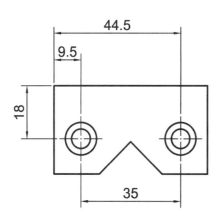

44.5
9.5
18
35

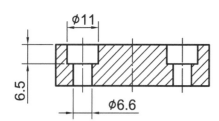

φ11
6.5
φ6.6

件 2 鑽 M6 沉頭孔(件 2 完成)

件 1～件 4 鑽孔、鉸孔、攻螺紋

1. 件 1 鑽 M6 沉頭孔

   (1) 裝置件 1 並定位，平行塊避開鑽孔位置。

   (2) 尋邊、移至 X20.、Y-11.。

   (3) 鑽中心孔→φ6.5→M6 沉頭孔、深度 6.5，鑽孔程序如下圖所示。

   (4) 移至 X 53.(中心距 33)，鑽第 2 孔。

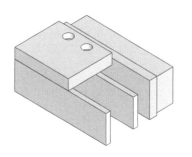

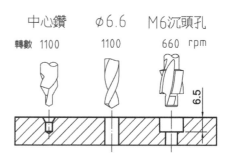

中心鑽　　　φ6.6　　　M6沉頭孔
轉數　1100　　　1100　　　660　rpm
6.5

2. 件 2 鑽 M5 沉頭孔

   (1) 裝置件 2 並定位，注意方向性。

   (2) 移至 X9.5、Y-18.。

   (3) 同上步驟，鑽中心孔→φ6.5 →M6 沉頭孔、深度 6.5。

   (4) 移至 X44.5 (中心距 35)，鑽第 2 孔。

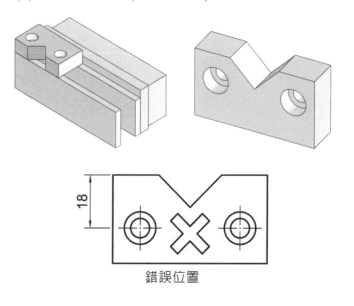

18

錯誤位置

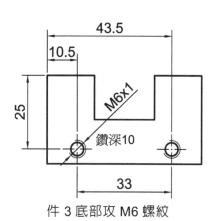

件 3 底部攻 M6 螺紋

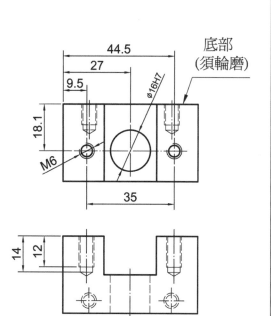

件 3 攻 M6 螺紋、鉸孔 φ16H7

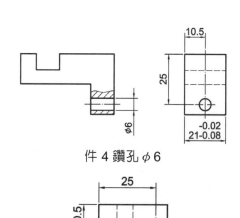

件 4 鑽孔 φ6

3. 件 3 攻螺紋、鉸孔

(1) 裝置件 3 並定位，凹槽朝固定鉗口，如下圖所示。

(2) 移至 X10.5　Y-25.。

(3) 鑽孔 φ5、深度 10 → 攻 M6 螺紋，程序如下圖所示。

(4) 移至 X43.5 (中心距 33)，鑽第 2 孔。

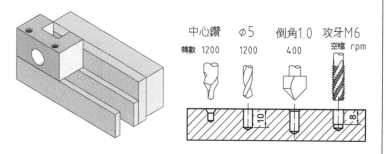

(5) 重新裝置件 3，直槽向上，M6 螺紋孔朝固定鉗口，平行塊避開 φ16H7 之孔。

(6) 移至 X9.5、Y-18.1。

(7) 鑽孔 φ5、深度 14 →攻 M6 螺紋。

(8) 移至 X44.5 (中心距 35)，加工第 2 孔。

(9) 移至 X27.，鉸孔 φ16H7，程序如下圖所示。

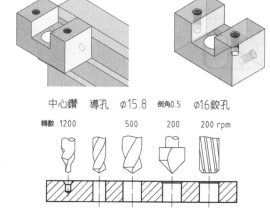

4. 件 4 鑽孔

(1) 裝置件 4，如下圖所示。

(2) 移至 X25、Y-10.5。

(3) 鑽中心孔(1100rpm)、鑽 φ6。

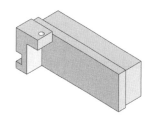
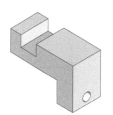

步驟十	件1倒角
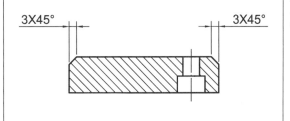	以倒角銑刀(1000rpm)在「與兩孔平行」、「小孔徑在上」之面的兩邊倒角3×45°。或將工件偏置45°以面銑刀倒角。 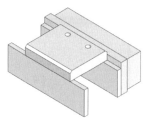 ※注意勿倒錯方向
步驟十一	件1、件3平面磨削
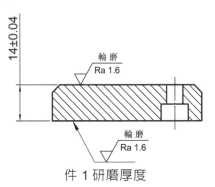 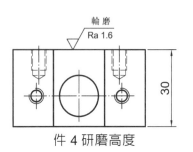	1. 置件1於磨床磁性夾頭，研磨兩面，厚度14±0.04。 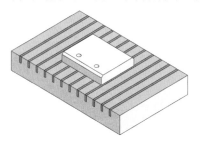 2. 置件3於磁性夾頭，M6螺紋孔朝上，如下圖所示。磨除銑削刀痕即可。 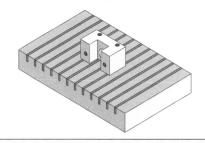
步驟十二	件5、件6車削加工 (材料φ38×110L)
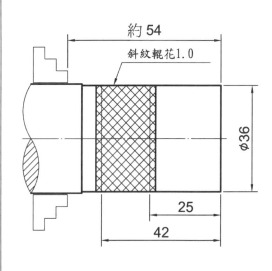	1. 車削件5 　(1) 車削件5，伸出長度約54。 　(2) 修端面、車外徑φ35.5，長度大於42(約45)。(粗車轉數700、精車1200 rpm)。 　(3) 壓花，位置如左圖所示。 (壓花轉數約100 rpm、進給率0.3～0.4mm/rev) 

203

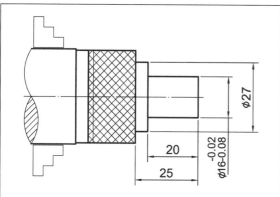

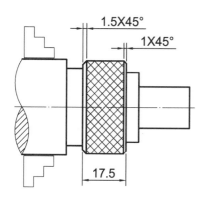

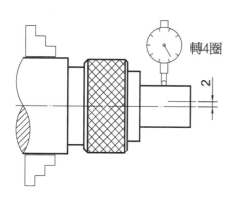

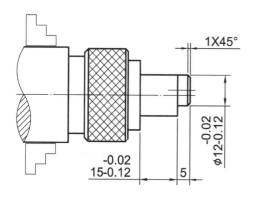

(4) 粗車外徑，$\phi 27.5 \times 25$、$\phi 16.5 \times 20$。

(5) 精修端面、控制階級長度 20、25mm。

(6) 精車外徑 $\phi 27$、$\phi 16{-0.08}^{-0.02}$。

(7) 在壓花長度 17.5 處切槽(壓花長度 17+預留量 0.5)，轉數約 325～700rpm，槽徑約 $\phi 30$。

(8) 壓花右側倒角 $1 \times 45°$、左側 $1.5 \times 45°$。

(9) 以量錶校正 $\phi 16$ 處，偏心 2 mm (量錶轉 4 圈)。

(10) 車削外徑 $\phi 12{-0.12}^{-0.02}$，長度約 5，以控制 $\phi 16$ 長度 $15{-0.12}^{-0.02}$ 為準。

(11) $\phi 12$ 前端倒角 $1 \times 45°$。

203

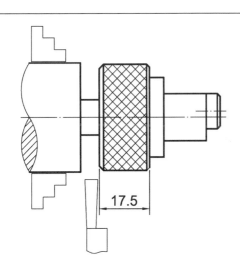

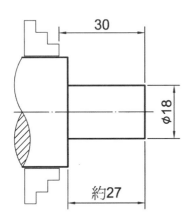

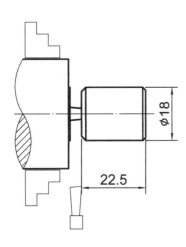

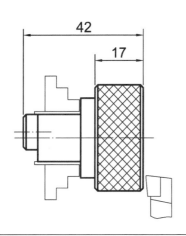

(12) 切斷件 5，轉數約 325rpm。

2. 車削件 6

(1) 材料伸出約 30 長。

(2) 修斷面，車削外徑 φ18，長度約 27 (大於 22 ＋切槽刀寬度)。

(3) 在長度 22.5 處切槽(槽徑約 φ8)，轉數約 1200rpm。

(4) 倒角：右側 1×45°、左側 1.5×45°。

(5) 切斷。

(6) 件 6 換端夾持，加裝保護環。夾持 φ18，修 端面、控制總長度 22mm。

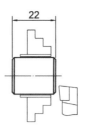

3. 件 5 換端修端面

件 5 換端夾持，加裝保護環，夾持 φ16 或壓花 處，修端面、控制總長度 42mm(壓花處長度 17)。

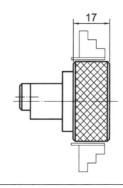

步驟十三　定位與組裝

1.　件 3(滑座)以 M6 螺釘鎖固在件 1(底座)上。

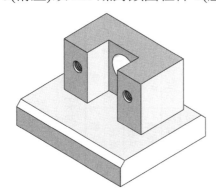

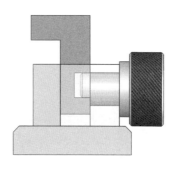

2.　件 4(滑塊)裝入件 3 滑槽內，能上下滑動。

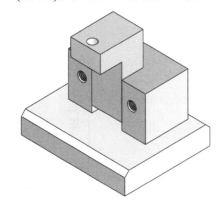

5.　轉動偏心軸，帶動件 4 上下滑動。

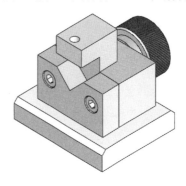

3.　以 M6 螺釘鎖緊件 2，件 4 仍能在槽內順暢滑動。

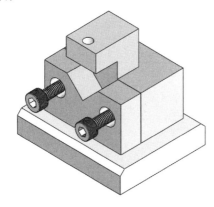

6.　件 6(夾持件)放入 V 形槽內。

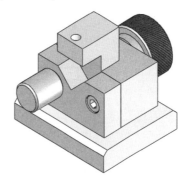

4.　件 5(偏心軸)穿過件 3(滑座)，前端 ϕ 12 直徑與件 4(滑塊)直槽配合。

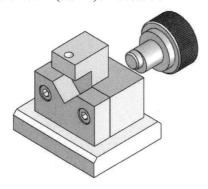

7.　轉動偏心軸驅動件 4，夾緊件 6。

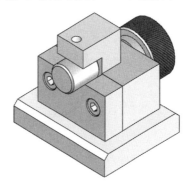

8.　完成組立，交件。

204

18500-106204-1/2

註：
1. 所有零組件毛邊均需去除。
2. 交件時，所有固定部位均需固鎖。
3. 未標註之去角均為1X45°。
4. 功能要求：組裝完成後，迴轉件5，
能使件4上下作動。

件號	名稱	規格	備註
8	3	內六角有頭螺釘	M6x1.0x15L	承辦單位提供
7	2	定位銷	φ6m6x20L	承辦單位提供
6	1	圓柱型壓縮彈簧	φ0.7xφ12x20	承辦單位提供
5	1	偏心轉軸	件4、5共用	承辦單位提供
4	1	沖頭	S20C φ38x110L	承辦單位提供
3	1	支承座	件2、3共用 未加工胚料	承辦單位提供
2	1	立柱	S20C 32x32x110	承辦單位提供
1	1	底座	未加工胚料 S20C 16x100x75	承辦單位提供

機械加工	乙 級	技術士技能檢定術科測試試題		
級 別		測驗時間	6小時	題 號	18500-106204
投影法	⊕	比 例	1：1	單 位	公 釐 (mm)
材 料	如材料表	核定單位	勞動部勞動力發展署技能檢定中心		
		核定日期	民國106年03月17日		

⊥ 0.06/20

配 合	φ6H7	φ12H7	φ16H7
許可差	+0.015 0	+0.018 0	+0.018 0

一般許可差		
標示尺度		許可差
0.5以上至	3	±0.15
超過 3 至	6	±0.20
超過 6 至	30	±0.50
超過 30至	120	±0.80
超過120至	315	±1.20

1
2
3
4
5
6
7
8

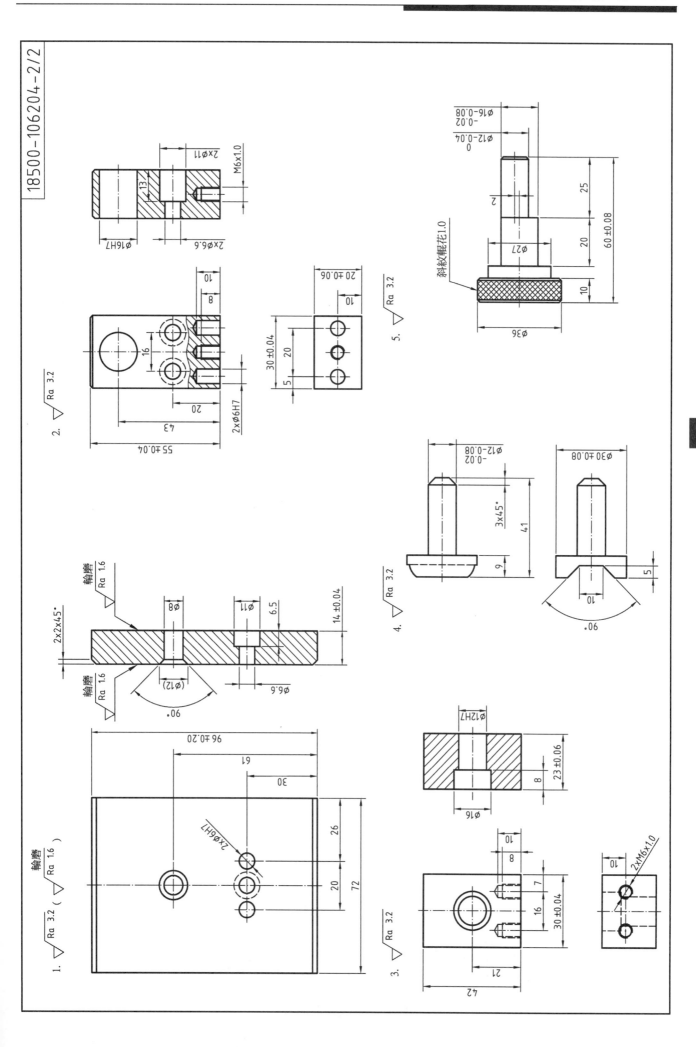

204

18500-106204 試題分析、材料使用與注意事項

一、試題分析：

　　此題為「沖壓機構」，組合情形如圖 1 所示，功能要求是旋轉件 5，由前端偏心軸壓下件 4，回程由彈簧產生向上推力，使件 4 上下運動，如同沖床之衝壓動作。

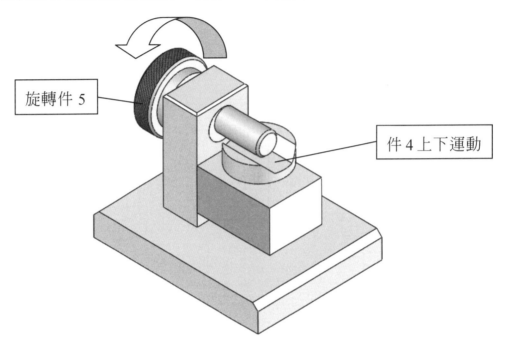

圖 1　試題 204 組合圖與功能要求

二、材料使用：

　材料一：16×100×75

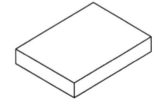

1. 件 1 用，材料使用如圖 2。

2. 厚度須輪磨。

3. 六面體銑削→72×14.2×96，厚度預留輪磨量 0.2mm。

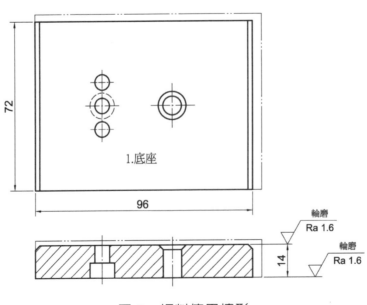

圖 2　板料使用情形

材料二：32×32×110

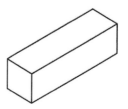

1. 件 2、件 3 共用，材料使用如圖 3。

2. 件 2 尺寸 20×30×55、件 3 尺寸 23×30×42。

3. 件 2、件 3 厚度不同，分別爲 20 與 23，去除量大。

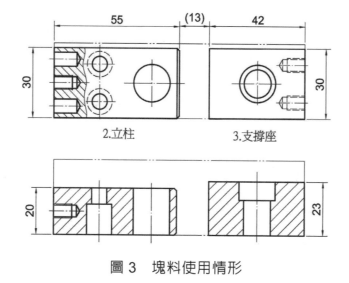

圖 3　塊料使用情形

材料三：ϕ 38×110

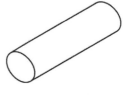

1. 件 4、件 5 共用，材料使用如圖 4。

2. 件 4 長度 41mm、件 5 長度 60mm，剩餘長度約 9mm。

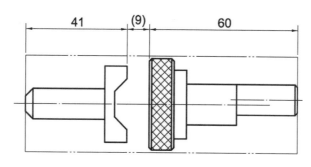

圖 4　圓料使用情形

三、注意事項：

1. 件 4 與件 5 共用材料，不論先做那一件，都會造成另一件不易夾持的問題。所以，件 5 完成後暫不切斷，改夾件 5，車削件 4，最後再切斷。如圖 5(a)、(b)所示。換端車削時，因夾持量較少，進給率及進刀深度不宜過大，以免工件掉落。

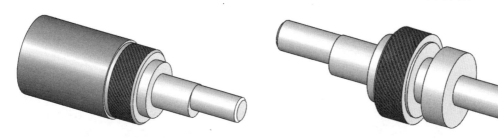

(a)件 5 車削　　　　　　　(b)夾持件 5 車削件 4

圖 5　件 4 與件 5 的加工

2. 件 4 須以夾具或 V 形枕協助夾持，使用情形如圖 6(a)、(b)所示。加工時，先以端銑刀銑削 10mm 直槽，再以倒角刀加工兩側斜面。

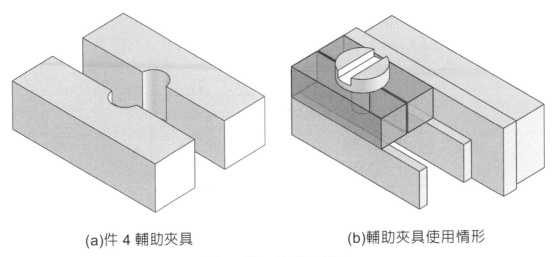

(a)件 4 輔助夾具　　　　　　　　(b)輔助夾具使用情形

圖 6　件 4 夾具之使用

3. 製作件 4 夾具時，ϕ 12H7 中心最好是一個固定值。以圖 7(a)為例，中心距離 30mm (鑽完後須去除接合面約 0.2mm 方可夾緊 ϕ 12 圓柱)。使用時，夾具緊靠定位塊，刀具移至光學尺 X30.，就是件 4 的中心，如圖(b)所示。若以 8mm 端銑刀加工槽寬 10mm，則 X30±1 即可得 10mm 槽寬，之後以倒角刀加工兩側斜面。

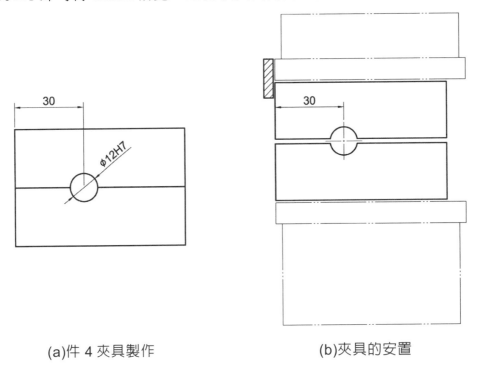

(a)件 4 夾具製作　　　　　　　　(b)夾具的安置

圖 7　件 4 夾具製作與安置

題號：18500-106204 (沖壓機構)

步驟/工作簡圖	工作程序說明
準備工作 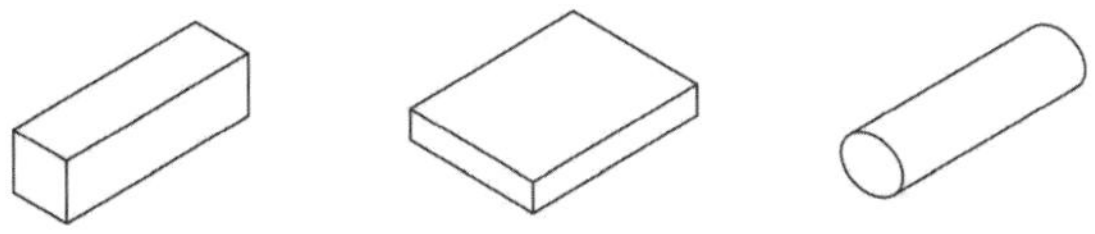 32×32×110　16×100×75　ϕ38×110L	**詳閱工作圖、檢查材料與零件數量** 材料 3 塊：尺寸如左圖所示，零件如下： 零件 6　壓縮彈簧 ϕ0.7×ϕ12×20　1 條 零件 7　定位銷 ϕ6m6×20L　2 支 零件 8　內六角承窩螺釘 M6　3 支 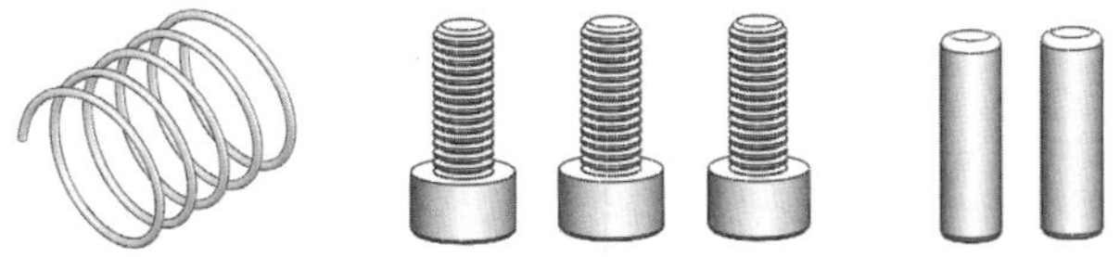
步驟一 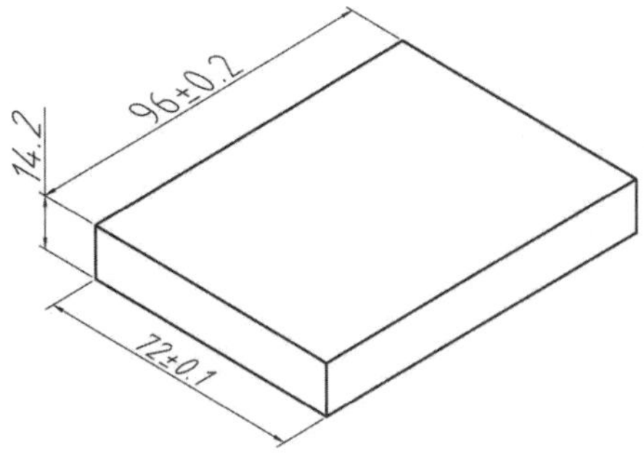 96±0.2 14.2 72±0.1 件 1 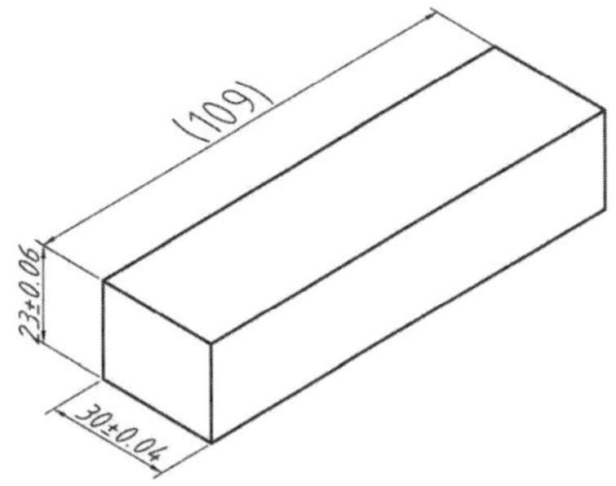 (109) 23±0.06 30±0.04 件 2、件 3 共用	**六面體銑削** 1.　件 1 板料尺寸：72×96±0.2×14.2 　　(1)　厚度 14.2 mm (14+預留磨削量 0.1～0.2) 　　(2)　長度控制尺寸 96±0.2。 2.　塊料尺寸：30±0.04×23±0.06×(109) 　　(1)　件 2、件 3 共用材料。 　　(2)　高度去除量甚多，約 9mm(32 加工至 23)。 　　(3)　注意寬度、高度都有公差要求。 　　(4)　長度注意垂直度，無須控制尺寸。
步驟二 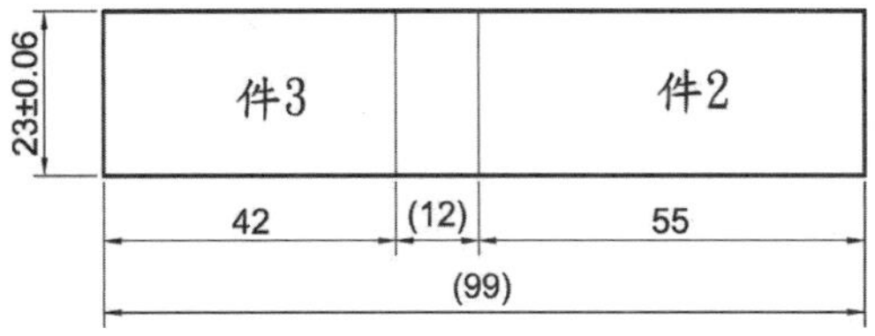 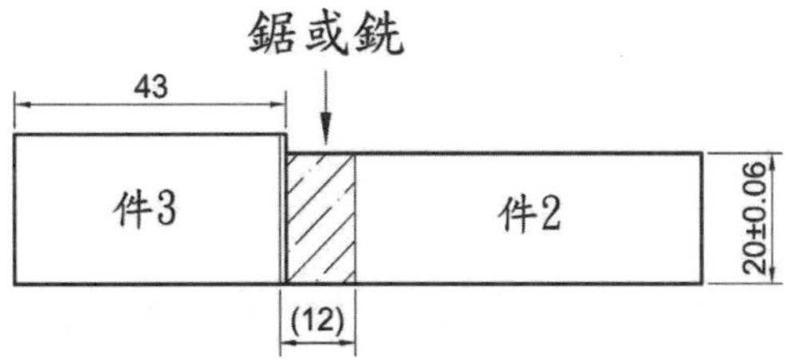 23±0.06 件3　　件2 42　(12)　55 (99) 鋸或銑 43 件3　(12)　件2　20±0.06 件2　20±0.06 件3　23±0.06 30±0.04	**塊料劃線與鋸切** 1.　劃線：上、下高度分別為 42、55。 2.　斜線處為多餘材料(約 12mm) 3.　銑削件 2 厚度至 20±0.06 4.　以手弓鋸鋸斷(或端銑刀銑斷)，分成件 3、件 2， 　　如下圖所示。 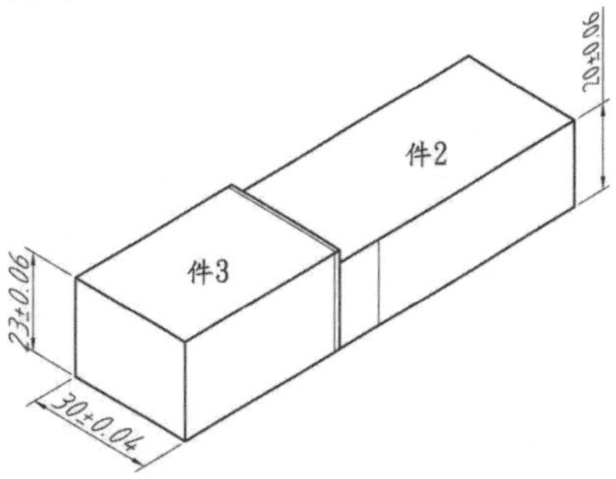

204

步驟三	銑削件 2、件 3 鋸切面
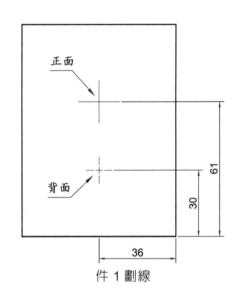	銑削件 2、件 3 鋸切面，完成尺寸： 1.　件 2 長度 54±0.04。 2.　件 3 長度 42。
步驟四	件 1～件 3 劃線

件 1～件 3 劃線

1.　件 1 劃線，如左圖：

　　(1)　在「正面」劃錐形孔位置：36、61。

　　(2)　在「背面」劃柱坑孔位置：36、30。

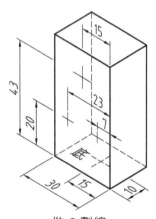

件 1 劃線

2.　件 2 劃線，如左圖：

　　(1)　劃 M6 柱坑孔位置：20 及 7、23 (中心距 16)。

　　(2)　劃 ϕ16H7 位置：43、15。

　　(3)　底部劃 M6 螺紋孔位置：10、15。

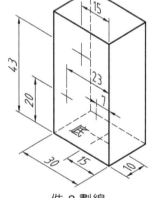

件 2 劃線

3.　件 3 劃線 (注意方向性)

　　(1)　劃 ϕ16 階級孔位置：21、15。

　　(2)　底部劃 M6 螺紋孔位置：10 及 7、23 (中心距 16)。

注意方向性：底部 M6 螺紋孔位置非對稱(比較靠近 ϕ16)，如下圖。

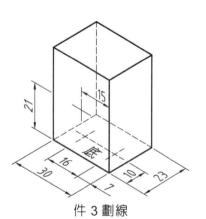

件 3 劃線

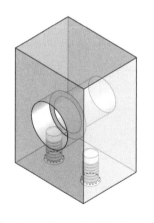

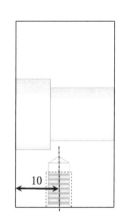

※ 劃畢線條以游標卡尺檢查劃線尺寸、孔的相對位置，確認無誤再進行鑽孔

步驟五

61

正面

36

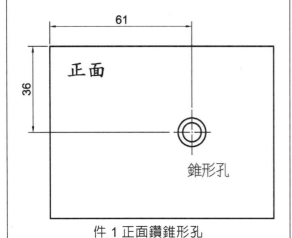

錐形孔

件 1 正面鑽錐形孔

30

背面

36

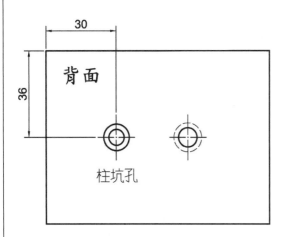

柱坑孔

6.5　ϕ11

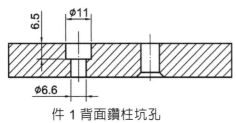

ϕ6.6

件 1 背面鑽柱坑孔

件 1～件 3 鑽孔、鉸孔、攻螺紋

1. 件 1 正面鑽 ϕ8 錐坑孔

   (1) 件 1 正面朝上裝置並定位、尋邊。

   (2) 移至 X61. Y-36.。

   (3) 鑽 ϕ8 →鑽 90° 錐坑，進刀深度 2mm。

   (4) 錐坑孔加工程序如下圖：

中心鑽　　ϕ8　　倒角 2.0

轉數 1200　　900　　200 rpm

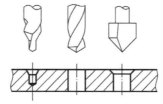

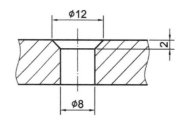

2. 件 1 背面鑽 M6 柱坑孔

   (1) 工件前後方向翻轉，錐形孔朝下，如下圖所示。

   (2) 移至 X30. (Y-36.不動)

   (3) 鑽 ϕ6.6→鑽 M6 柱坑孔、深度 6.5。程序如下圖所示。

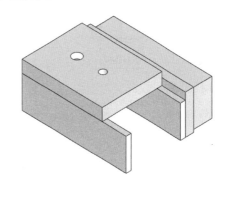

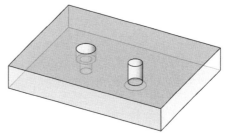

中心鑽　　ϕ6.6　　M6沉頭孔

轉數 1100　　1100　　660 rpm

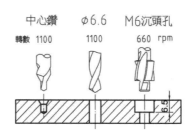

204

3. 件 2 鑽 M6 柱坑孔、鉸孔

 (1) 裝置件 2 並定位，移除下方平行塊或移至不會被鑽到之處。

 (2) 移至 X20.　Y-7.。

 (3) 鑽 ϕ6.6 →M6 柱坑孔、深度 13。

 (4) 移至 Y-23.(中心距 16)，鑽另一孔。

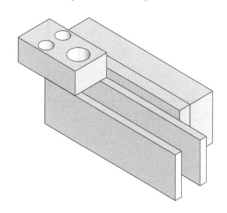

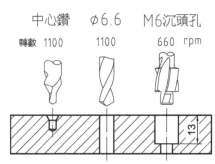

中心鑽　　ϕ6.6　　M6沉頭孔

轉數 1100　　1100　　660 rpm

 (5) 移至 X43.　Y-15.

 (6) 鉸孔 ϕ16H7，程序如下圖所示。

中心鑽　導孔　ϕ15.8　倒角0.5　ϕ16鉸孔

轉數 1200　　500　　200　　200 rpm

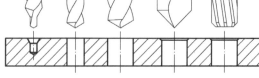

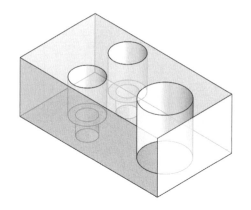

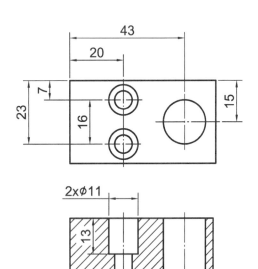

件 2 鑽 M6 柱坑孔、鉸孔 ϕ 16H7

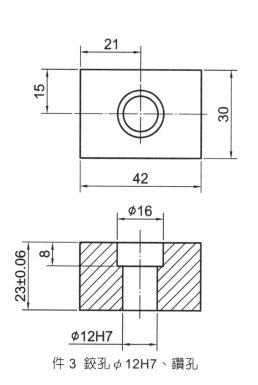

件 3 鉸孔 φ12H7、鑽孔

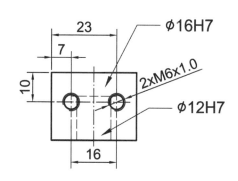

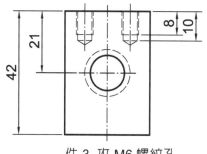

件 3 攻 M6 螺紋孔

4. 件 3 鉸孔、階級孔

   (1) 裝置件 3 並定位，移至 X21. Y-15.。

   (2) 鉸孔 φ12H7，程序如下圖所示。

   (3) 以 φ16 銑刀，床台上升 8mm，加工階級孔。

   (4) 修除階級孔處毛邊，以免影響裝配。

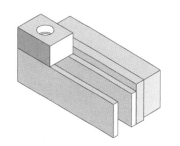
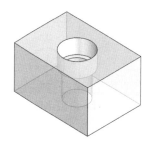

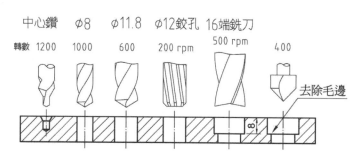

5. 件 3 攻 M6 螺紋孔

   (1) 裝置件 3、底部朝上，孔徑 φ16 朝虎鉗固定邊，如下圖所示。

   (2) 移至 X7. Y-10.。

   (3) 鑽 φ5、深度 10 →攻 M6 螺紋、深度 8，程序如下圖所示。

   (4) 移至 X23.(中心距 16)，鑽另一孔。

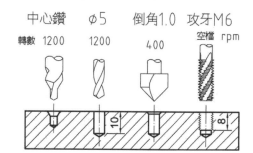

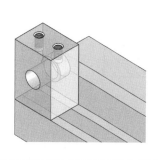
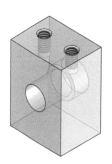

204

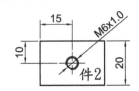

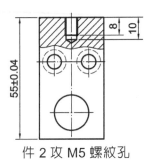

件 2 攻 M5 螺紋孔

步驟六

全周倒角

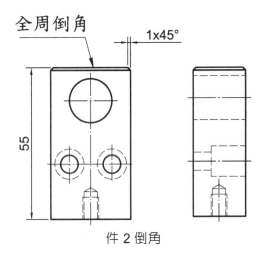

件 2 倒角

正面

正面

件 1 倒角 2×45°

6.　件 2 攻 M6 螺紋孔

(1)　裝置工件，底部朝上。

(2)　移至 X15.　Y-10.。(底部中央)

(3)　鑽 ϕ 5、深度 10 →攻 M6 螺紋、深度 8。

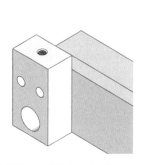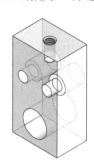

件 1、件 2 倒角

1.　件 2 在高度上方全周倒角 1×45°。

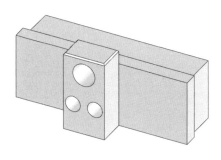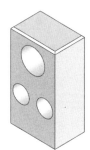

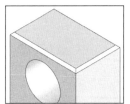

四個邊均倒角 1×45°

2.　件 1 在正面倒角 2×45°，如左圖所示。

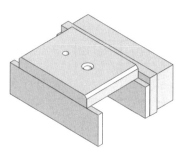

勿在背面倒角，下圖為倒角位置錯誤！

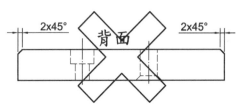

步驟七	件 1 平面磨削

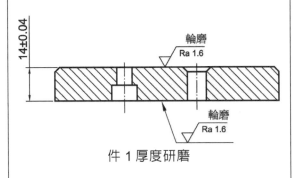

件 1 厚度研磨

1. 件 1 置於磨床,研磨厚度。
2. 研磨兩面,完成厚度 14±0.04

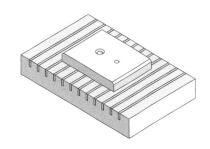

步驟八	件 5、件 4 車削加工 (材料 φ38×110)

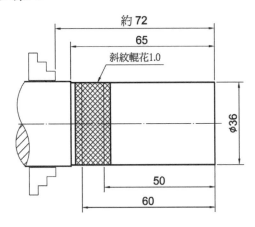

1. 車削件 5
   (1) 材料伸出約 72 長。
   (2) 車外徑 φ35.5、長度約 65mm (粗車 700、精車 1200～1800 rpm)。
   (3) 壓花。位置如左圖所示(轉數約 100 rpm、進給率 0.3～0.4)。

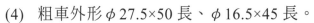

   (4) 粗車外形 φ27.5×50 長、φ16.5×45 長。
   (5) 精修端面、控制階級長度 45mm、50mm。
   (6) 精車外徑 φ27、φ16−0.08⁻⁰·⁰², 如左圖所示。
   (7) 壓花處倒角 1×45°。

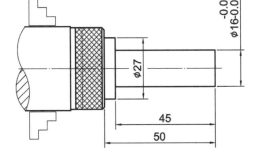

   (8) 以量錶校正 φ16,偏心量 2 mm (量錶轉 4 圈)。
   (9) 車削外徑 φ12−0.04⁰、長度 25。
   (10) φ12 前端倒角 1×45°。

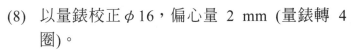

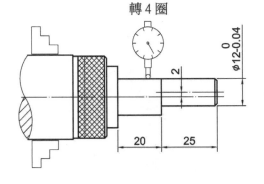

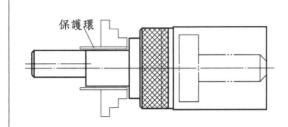

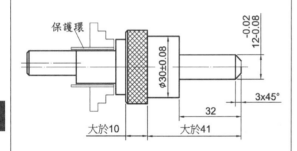

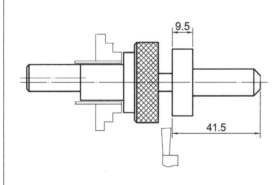

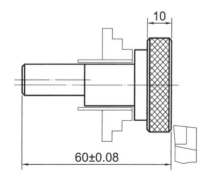

2.　換端夾持、車削件 4

(1)　換端夾持 φ16，加裝保護環。
(車削件 4，因夾持量少，切深不宜過大)

(2)　修斷面，粗車外徑 φ35.5，長度必須大於 41，且壓花長度大於 10mm(避免件 5 長度不足)。

(3)　粗車外徑 φ12.5，長度 32。

(4)　精車外徑 φ30±0.08。

(5)　精車端面，精車外徑 $\phi 12^{-0.02}_{-0.08}$，長度 32。

(6)　前端倒角 3×45°。

(7)　在長度 41.5(或 φ30 長度 9.5)切斷，件 5 仍在夾頭上。

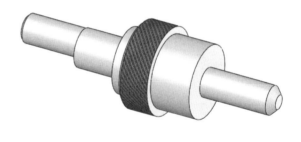

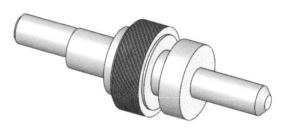

(8)　精車端面，控制件 5 總長度 60±0.08。(壓花長度 10mm)

3. 件 4 端面車削

(1) 件 4 換端，加裝保護環，夾持 ϕ12 處，貼緊夾頭。

(2) 修端面、控制總長度 41mm(或 ϕ30 長度 9mm)。

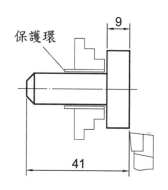

註：ϕ12 直徑不易夾持，可留至銑床以面銑刀加工，夾具(或 V 形枕)與夾持情形如下圖所示。

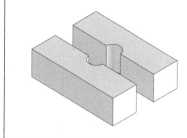 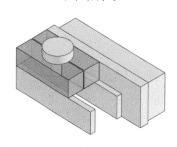

步驟九

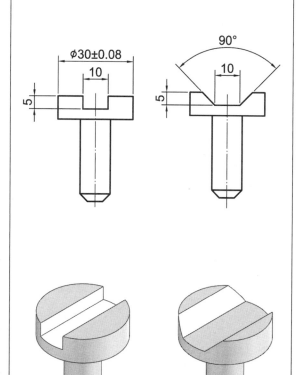

件 4 直槽銑削

1. 在虎鉗上以夾具(或 V 形枕)協助夾持件 4，如下圖所示。

2. 以 ϕ8 端銑刀(1000rpm)銑削直槽，直槽距離邊緣 10、槽寬 10、槽深 5。

3. 勿拆下工件，換裝倒角銑刀銑削 90°，如下圖所示。

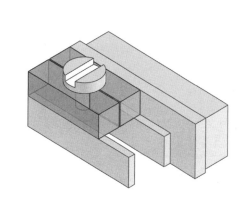 

204

步驟十　定位與組裝

1. 件 2 以 M6 螺釘固定在件 1 上，注意平行度。

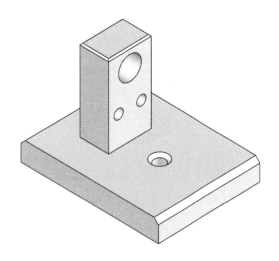

2. 件 3 階級孔朝上，左右對齊，以 M6 螺釘固定。

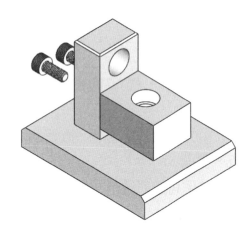

3. 件 6(壓縮彈簧)置於件 3 孔內。

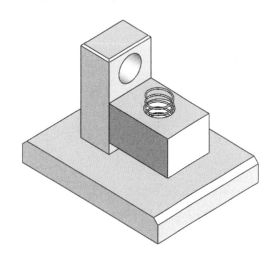

4. 件 4(沖頭)放入彈簧內，V 形槽方向如下圖。

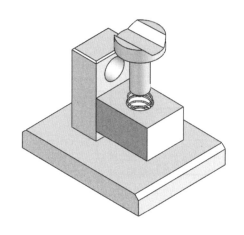

5. 偏心轉軸穿過件 2，壓住 V 形槽，迴轉偏心轉軸，使件 4 上下作動。

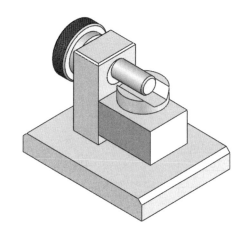

6. 卸除車床加工件與彈簧，組合件裝置在虎鉗上，夾持方式如下圖所示。

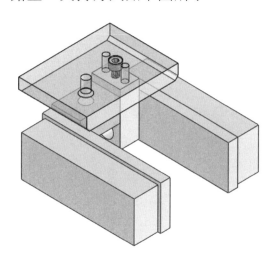

7. 定位至 X5. Y-10.，鑽 ϕ 5.8、深度 24mm →裝入 ϕ 6 定位銷。

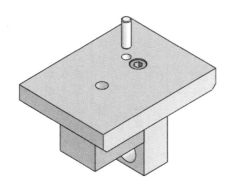

8. 定位至 X25. Y-10.，同上步驟鑽孔、鉸孔，裝入第 2 支定位銷。

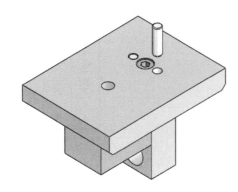

9. 裝回件 4、5 及彈簧，完成組立、擦拭乾淨，交件。

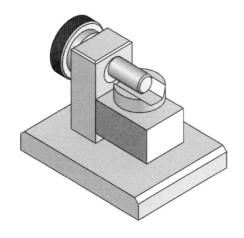

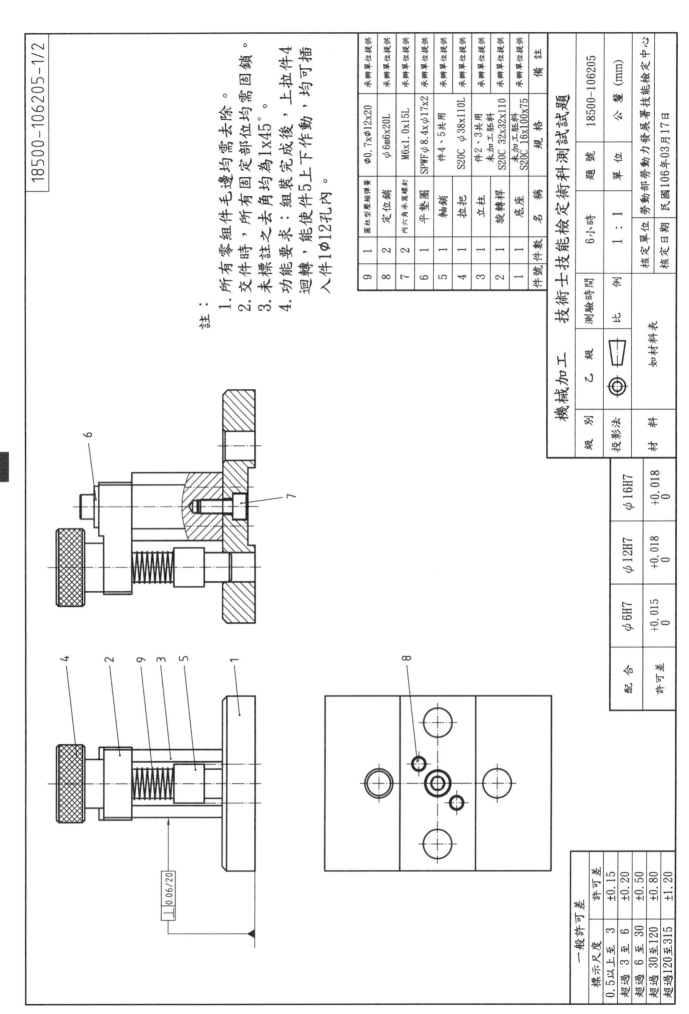

18500-106205-1/2

註：
1. 所有零組件伴均需去除毛邊。
2. 支件時，所有固定部位均需固鎖。
3. 未標註之去角均為1x45°。
4. 功能要求：組裝完成後，上拉件4迴轉，能使件5上下作動，均可插入件1Φ12孔內。

件號	件數	名稱	規格	備註
9	1	圓柱型壓縮彈簧	Φ0.7xΦ12x20	承辦單位提供
8	2	定位銷	φ6m6x20L	承辦單位提供
7	2	內六角承窩螺釘	M6x1.0x15L	承辦單位提供
6	1	平墊圈	SPWF φ8.4x φ17x2	承辦單位提供
5	1	軸銷	件4、5共用	承辦單位提供
4	1	拉把	S20C φ38x110L	承辦單位提供
3	1	立柱	件2、3共用 未加工胚料 S20C 32x32x110	承辦單位提供
2	1	旋轉桿	未加工胚料	承辦單位提供
1	1	底座	S20C 16x100x75	承辦單位提供

機械加工　技術士技能檢定術科測試試題

級別	乙級		測驗時間	6小時	題號	18500-106205
投影法			比例	1：1	單位	公釐 (mm)
材料	如材料表				核定單位	勞動部勞動力發展署技能檢定中心
					核定日期	民國106年03月17日

配合	φ6H7	φ12H7	φ16H7
許可差	+0.015 0	+0.018 0	+0.018 0

一般許可差

標示尺度	許可差
0.5以上至 3	±0.15
超過 3 至 6	±0.20
超過 6 至 30	±0.50
超過 30 至 120	±0.80
超過 120 至 315	±1.20

⊥ 0.06/20

205

18500-106205-2/2

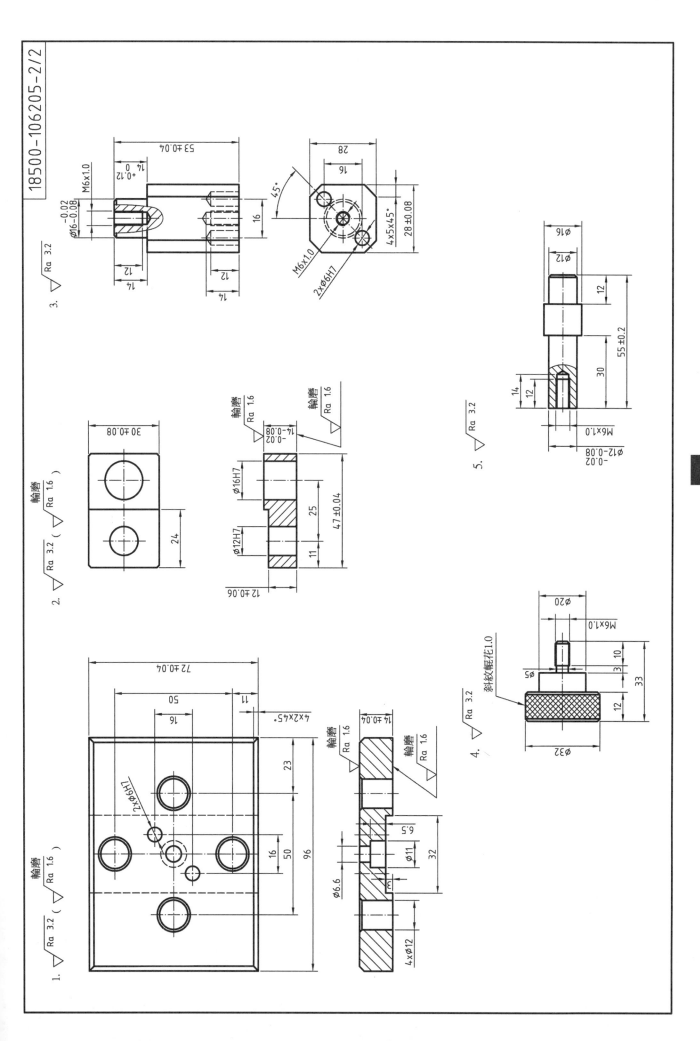

18500-106205 試題分析、材料使用與注意事項

一、試題分析：

　　該試題功能要求是上拉件 4，旋轉至底座四個圓孔處，軸徑 ϕ12 均可插入孔內，組合情形如圖 1 所示。

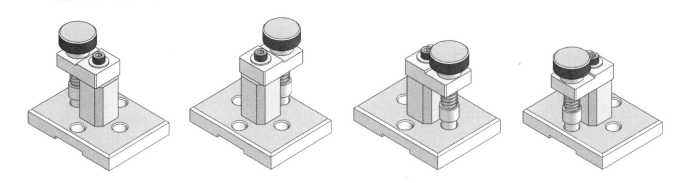

圖 1　試題 205 組合情形

二、材料使用：

　材料一：16×100×75

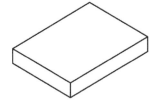

1. 件 1 用，使用情形如圖 2。

2. 厚度須輪磨。

3. 六面體銑削→72×14.2×96，厚度預留輪磨量 0.2mm。

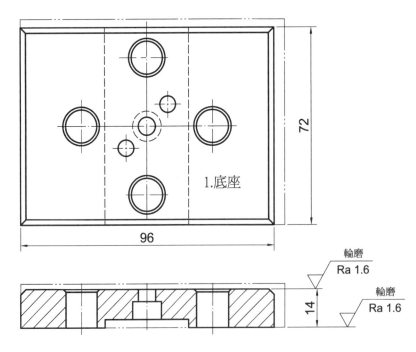

圖 2　板料使用情形

材料二：32×32×110

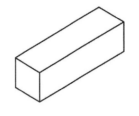

1.　件 2、件 3 共用，使用情形如圖 3。

2.　件 2 尺寸 14×30×47、件 3 尺寸 28×28×53。

3.　件 2 厚度去除量大。

4.　件 3 前端爲圓柱形。

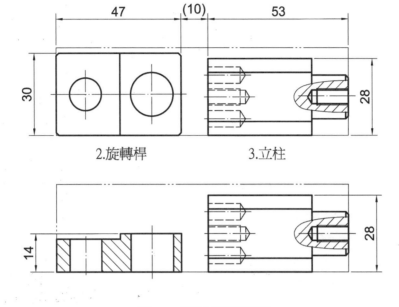

圖 3　塊料使用情形

材料三：φ38×110

1.　件 4、件 5 共用，材料使用如圖 4。

2.　件 4 長度 33mm、件 5 長度 55mm，剩餘長度約 22mm。

3.　件 5 車削量大，由 φ38 車削至 φ16。

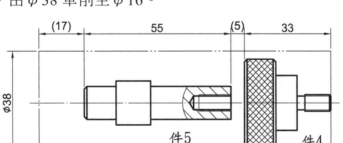

圖 4　圓料使用情形

三、注意事項：

1.　件 3 方形加工成圓形，加工順序有二：

(1)　先車再銑：在四爪夾頭上，先概略校正中心，如圖 5(a)所示。車畢，以圓柱(φ16)爲基準，對矩形材料進行六面體銑削，使圓柱正好位於方形柱中心。

(2)　先銑再車：方形材料先銑至 28×28×53，四的邊倒角 5×45°後，固定在四爪夾頭上，以量錶校正，如圖 5(b)所示，使方形柱位於主軸中心，再車削 φ16。

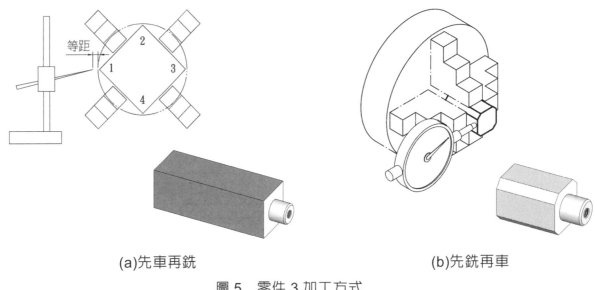

(a)先車再銑   (b)先銑再車

圖 5　零件 3 加工方式

2.　組裝後，件 3 與底座有垂直度要求，如圖 6(a)所示。銑削件 3 時，須特別注意垂直度。

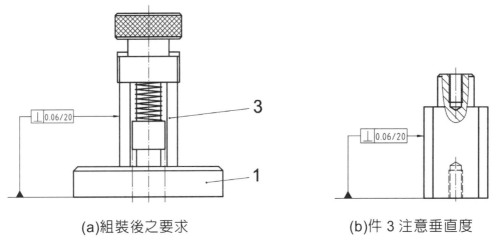

(a)組裝後之要求   (b)件 3 注意垂直度

圖 6　組裝後垂直度之要求

3.　件 5 前端軸徑 $\phi 12 \pm 0.5$、件 1 底座孔徑也是 $\phi 12 \pm 0.5$，組合示意圖如圖 7 所示，為了使件 5 均能插入孔內，軸徑應小於孔徑(須把軸做負值、孔做正值)，確保能符合功能要求。

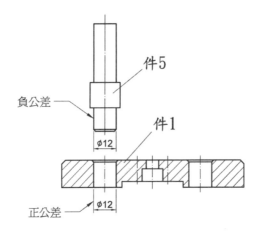

圖 7　軸徑與孔徑組合示意圖

題號：18500-106205 (定位機構)

步驟/工作簡圖	工作程序說明
準備工作 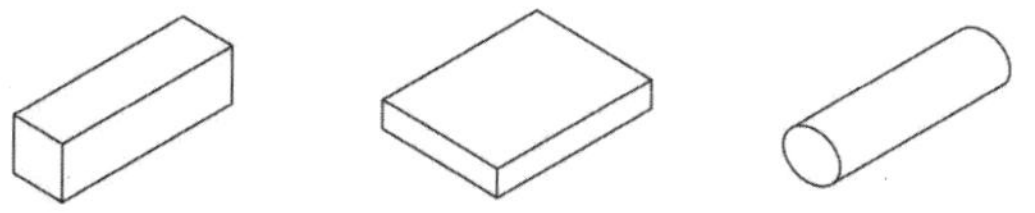 32×32×110　16×100×75　φ38×110L	**詳閱工作圖、檢查材料與零件數量** 材料 3 件：尺寸如左圖所示 零件 6　M6 平墊圈 1 件 零件 7　M6 內六角承窩螺釘 2 支 零件 8　φ6m6 定位銷 2 支 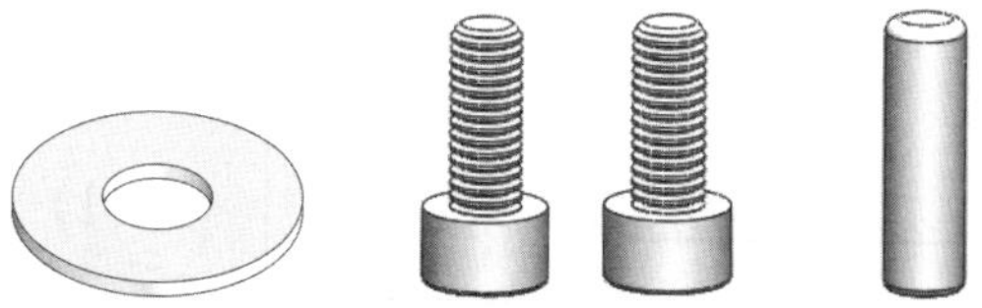
步驟一 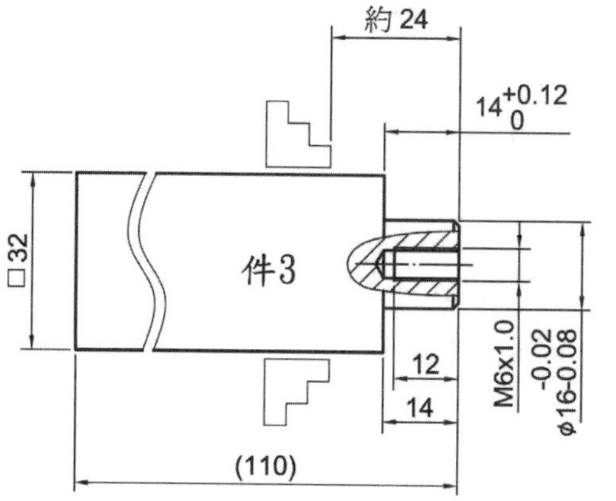 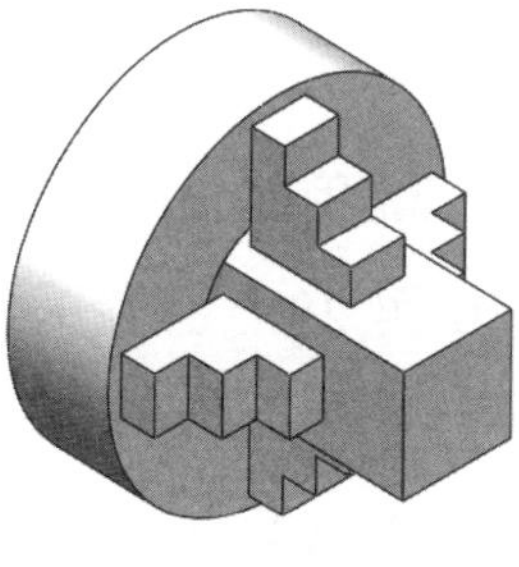 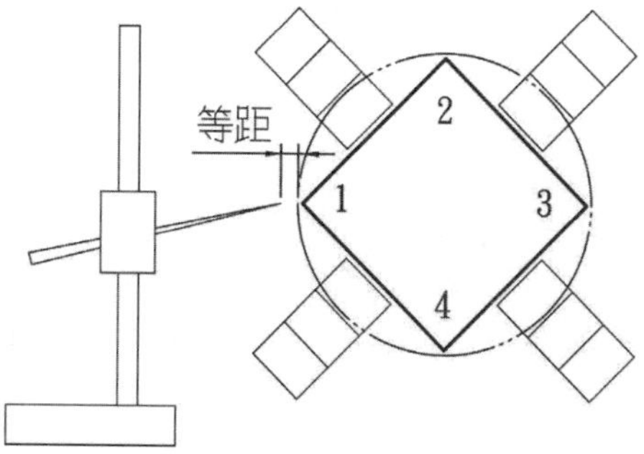	**件 3 車削** 1. 夾持材料 32×32×110，伸出長度約 24mm。 2. 以劃線台校正方形柱四個角，如左圖，使針尖與四個角盡量等距，目視誤差在 2mm 以內。 3. 修端面、車削外徑 $\phi 16^{-0.02}_{-0.08}$、長度 $14^{+0.12}_{0}$。 4. $\phi 16$ 前端倒角 1×45°。 5. 鑽中心孔 $\phi 3.2$(1200rpm)→鑽孔 $\phi 5.0$、深度 14 →攻螺紋 M6×1、深度 12mm，程序如下圖： 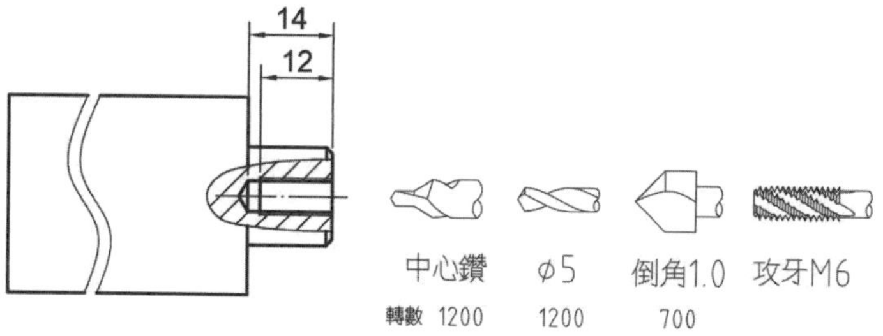 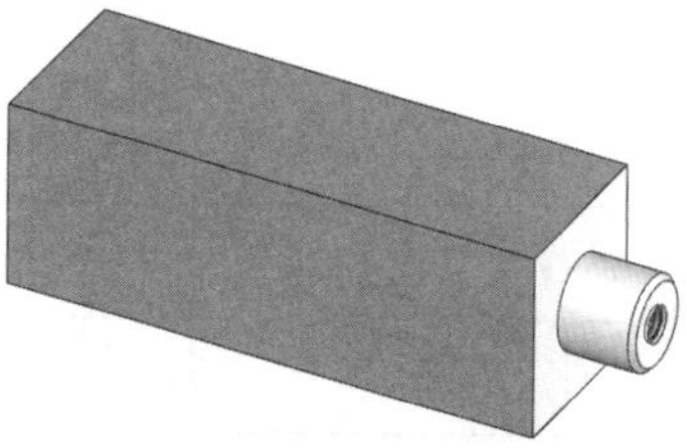

步驟二	六面體銑削
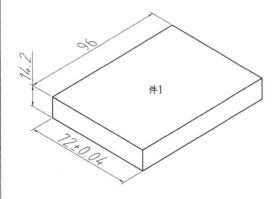 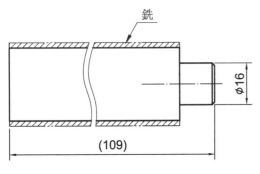 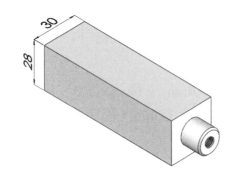	1. 板料尺寸：$\boxed{72\pm0.04}\times96\times14.2$ 　(1) 件 1 用料。 　(2) 厚度 14.2 (14+預留磨削量 0.1～0.2)。 　(3) 寬度有公差要求。 2. 銑削步驟一之方形件： 　(1) 高度 28±0.08，使圓柱位於中央，平面至圓柱頂端 6。[註：(28-16)/2=6]。 　(2) 寬度 30±0.08(件 2 尺寸)，使圓柱大約位於中央，圓柱頂端距離 7。[註：(30-16)/2=7]。如下圖所示： 　(3) 長度(底部)銑平，注意垂直度。 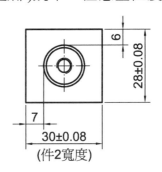
步驟三	件 2、件 3 劃線與銑削
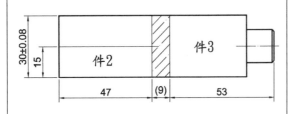 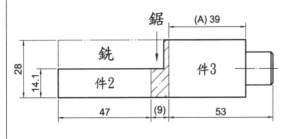	1. 劃線：如左圖 　(1) 件 2 長度：47 mm、高度 15mm。 　　　(注意：長寬尺寸 30 與 28，勿混淆) 　(2) 件 3 長度：53 mm。 2. 銑削件 2 厚度 14.1mm。(厚度 14+預留磨削量 0.1)。 　※注意(A)處尺寸須大於 39mm 3. 如左圖，從斜線處分割件 2、件 3。 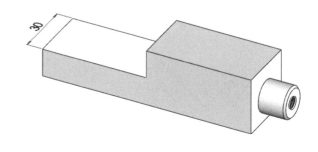

205

步驟四	銑削件2、件3鋸切面

銑削件2、件3鋸切面

銑削件2、件3鋸切面,完成尺寸:

1. 件2長度 47±0.04。
2. 件3寬度 30mm 銑削至 28±0.08。(平面至圓柱頂端 6 mm)。
3. 件3長度 53±0.04。

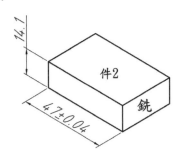
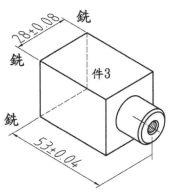
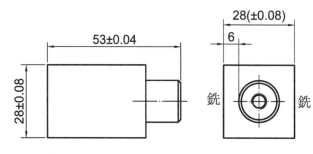

※件 3 長、寬僅一側有公差要求,建議均加工至 28±0.08,以免方向發生混淆。

步驟五	直槽銑削

直槽銑削

1. 件1直槽處劃線。
2. 銑削直槽,直槽邊距 32、槽寬 32、深度 3 mm。

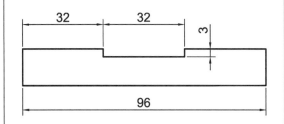
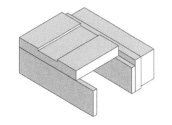
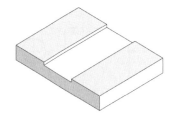

205

步驟六	件1~件3劃線

件1~件3劃線

1. 件1劃線
   (1) 底面劃 M6 柱坑孔位置(48、36)。
   (2) 劃四個 φ12 孔之位置,尺寸如左圖。
   (3) 劃定位銷孔位置,尺寸如下圖,位置為左上、右下。

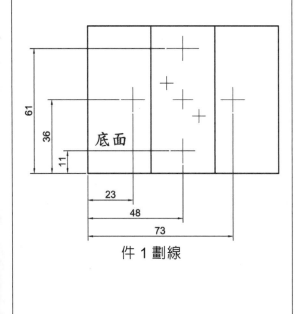

件1劃線

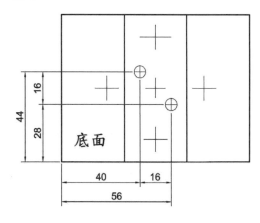

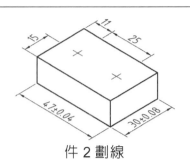

件 2 劃線

件 3 劃線

2. 件 2 劃線

　　劃 ϕ 12H7、ϕ 16H7 鉸孔位置，如左圖。

3. 件 3 劃線

　　件 3 底部中央(14、14)劃 M6 螺紋孔位置。

※檢查線條，確認無誤再進行鑽孔

步驟七

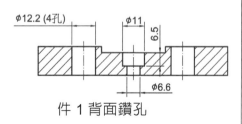

件 1 背面鑽孔

件 1~ 件 3 鑽孔

1. 件 1 鑽孔

　　(1) 件 1 底面(直槽)朝上，定位並尋邊，移至 X48. Y-36.。

　　(2) 鑽 ϕ 6.5 →鑽 M6 柱坑孔、深度 6.5，程序如下圖。

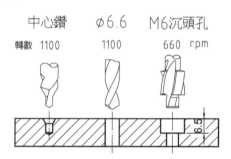

　　(3) 移至：

　　　　(X23. Y-36.)、(X73. Y-36.)

　　　　(X48. Y-11.)、(X48. Y-61.)

　　　　鑽 ϕ 12.2。

　　　　(孔徑加大 0.2 ~ 0.3 利於與件 5 之 ϕ 12 配合)

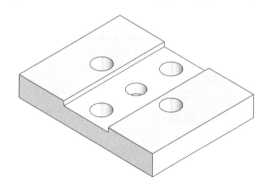

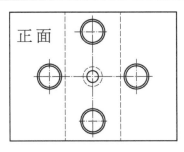

正面

件 1 正面倒角

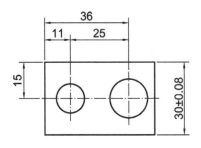

36
11 25
15
30±0.08

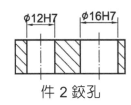

φ12H7   φ16H7

件 2 鉸孔

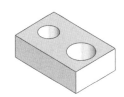

14
14
M6x1.0

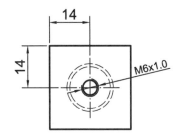

14
12

件 3 攻 M6 螺紋

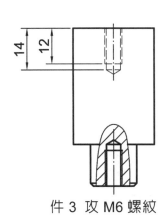

(4) 工件翻面，柱坑孔(直槽)朝下，以 90° 單刃倒角鑽在 φ12.2 孔端倒角 1mm，如下圖所示。

倒角1.0
400rpm

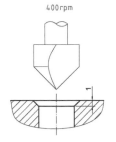

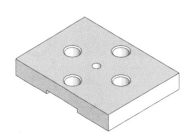

2. 件 2 鉸孔

(1) 固定工件並定位，注意下方平行塊。

(2) 移至 X11. Y-15.。

(3) 鉸孔 φ12H7，程序如下圖所示。

中心鑽   導孔   φ11.8   φ12鉸孔
轉數 1200   600   200 rpm

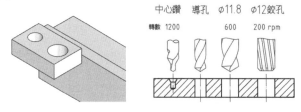

(4) 移至 X36. Y-15. (中心距 25)，鉸孔 φ16H7，程序如下圖所示。

中心鑽   導孔 φ15.8   倒角0.5 φ16鉸孔
轉數 1200   500   200   200 rpm

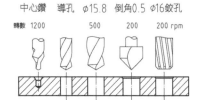

3. 件 3 攻螺紋

(1) 固定工件並尋邊。

(2) 移至材料中央 X14. Y-14.。

(3) 鑽孔 φ5.0、深度 14 → 攻 M6 螺紋、深度 12，程序如下圖所示。

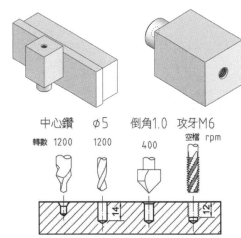

中心鑽   φ5   倒角1.0 攻牙M6
轉數 1200 1200   400   空檔 rpm

205

步驟八	件1～件3倒角(每件均4處)

步驟八

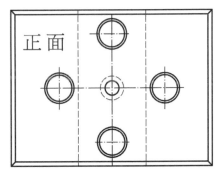

正面

2×45°

件1倒角2×45°

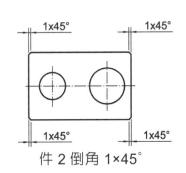

1×45°　1×45°

1×45°　1×45°

件2倒角1×45°

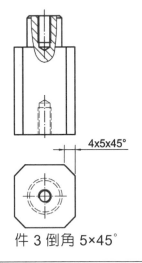

4×5×45°

件3倒角5×45°

件1～件3倒角(每件均4處)

1. 件1倒角2×45°

   正面(柱坑孔朝下)以倒角刀全周倒角2×45°，如下圖所示：

   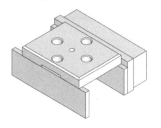
   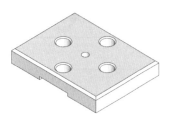

2. 件2倒角1×45°

   件2四個角均倒角1×45°，如下圖所示：

   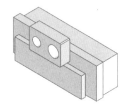

3. 件3倒角5×45°

   (1) 工件置於V形枕上，以面銑刀倒角5×45°，分2～3次進刀，進刀深度3.5 (5×0.707≒3.5)，如下圖所示。
      (可依對刀情形減少進刀深度，或先劃線，以線條為基準進行銑削)

   (2) 共四個角，Z軸每次進刀至相同尺寸。

   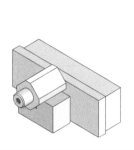
   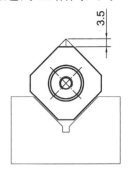

   3.5

步驟九

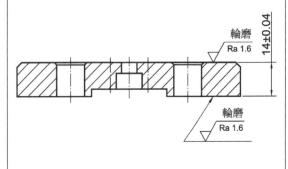

輪磨　Ra 1.6

14±0.04

輪磨　Ra 1.6

件1、件2平面磨削

1. 件1、件2置於磁性夾頭，一起研磨厚度，放置方向如下圖所示。

2. 磨削兩面，控制件1厚度14±0.04。

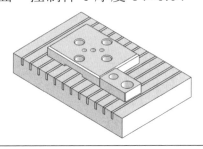

205

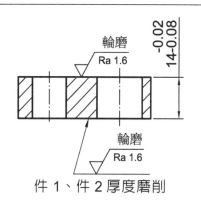

輪磨
Ra 1.6

$14^{-0.02}_{-0.08}$

輪磨
Ra 1.6

件 1、件 2 厚度磨削

3. 卸下件 1(底座)，繼續磨削件 2，約再進刀 0.05，完成厚度 $14^{-0.02}_{-0.08}$。

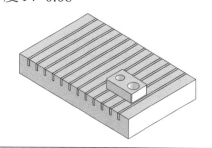

步驟十

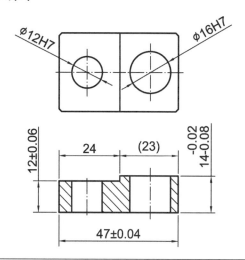

ϕ12H7 ϕ16H7

12 ± 0.06

24   (23)

$14^{-0.02}_{-0.08}$

47 ± 0.04

件 2 階級銑削

在孔徑 ϕ12H7 上方銑削階級，寬度 24、底邊高度 12 ± 0.06。(深度 2mm)

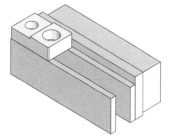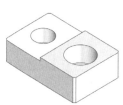

註：此階級若於磨削前先行加工，會因磁性夾頭吸附面積太小，夾持力恐不足。

步驟十一

約 50

斜紋輥花1.0

ϕ32

21

33

ϕ5.8

ϕ20

1x45°

13

21

件 4、件 5 車削加工(材料 ϕ38×110L)

1. 車削件 4

   (1) 材料伸出約 50 長。

   (2) 修端面、車外徑 ϕ31.5，長度約 40 (大於 33mm)

   (3) 壓花，位置如左圖 (壓花轉數約 100 rpm、進給率 0.3 ~ 0.4mm/rev)。

   (4) 車削外形 ϕ20×21 長、ϕ5.8×13 長，如左圖所示。

   (5) ϕ5.8 前端倒角 1×45°。

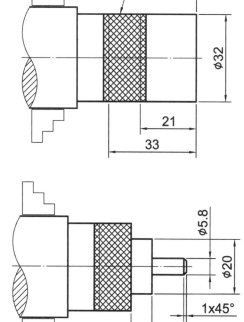

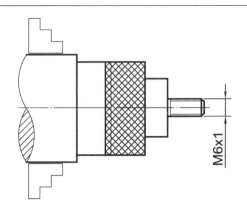

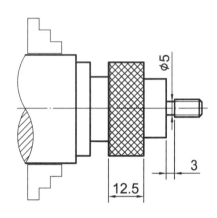

205

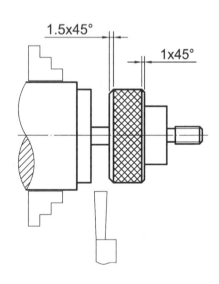

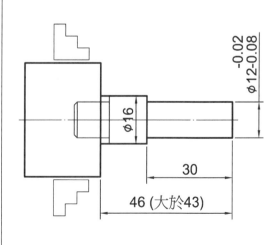

(6)　以螺絲鎗鉸螺紋 M6×1.0。

(7)　M6 螺紋末端切槽，槽徑 φ5、槽寬 3。

(8)　在長度 33.5 處切槽(壓花長度 12.5)。

(9)　壓花右側倒角 1×45°、左側倒角 1.5×45°

(10) 切斷件 5。

2.　件 5 車削

(1)　材料剩餘長度約 72mm，伸出 50 長。

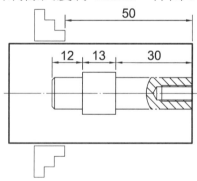

(2)　修端面，車削外形，如左圖所示：

a.　φ16 近夾頭(長度至少大於 43)。

b.　$\phi 12^{-0.02}_{-0.08} \times 30$ 長。

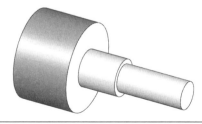

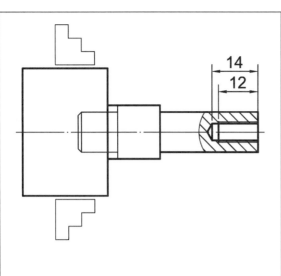

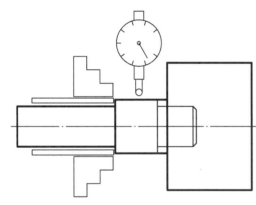

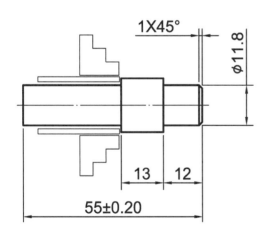

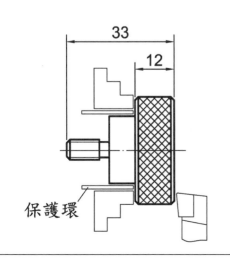

保護環

(3) 鑽中心孔(1200rpm)→鑽 φ5×深 14→ 倒角 1.0→攻螺紋 M6×1，程序如下圖

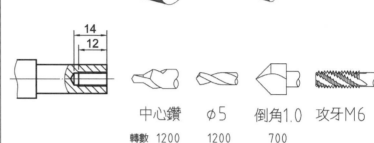

中心鑽	φ5	倒角1.0	攻牙M6
轉數 1200	1200	700	

3. 件 5 換端車削
    (1) 換端夾持 φ12 處，加裝保護環。
    (2) 以量錶校正 φ16。

    (3) 車端面，控制總長度 55±0.2。
    (4) 車外徑 φ11.8、長度 12。(註：φ12 公差±0.5，做負公差，以利與底座之孔配合)。
    (5) φ11.8 前端倒角 1×45°。

4. 件 4 換端夾持、修端面
    (1) 夾持 φ20 處，並加裝保護環。
    (2) 修端面、控制壓花處之長度 12mm 或全長 33mm。

205

步驟十二　定位與組裝

1. 以 M6 螺釘將件 3(立柱)鎖在底座上，注意平行度。

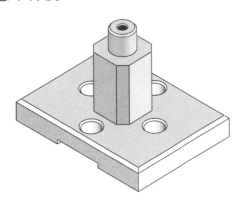

2. 件 5(軸銷) ϕ 11.8 處，裝入底座 ϕ 12.2 之孔內，並將壓縮彈簧套入直徑 ϕ 12 處。

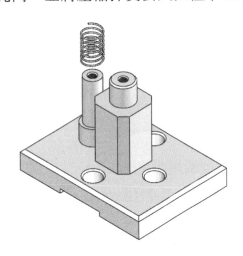

3. 裝入件 2(旋轉桿)，如下圖所示。

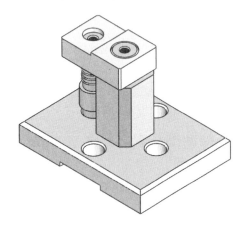

4. M6 螺釘加入平墊圈，鎖入件 3。

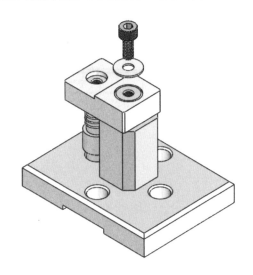

5. 件 4(拉把)鎖入件 5。

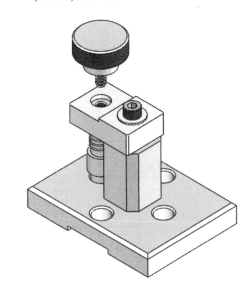

6. 件 4 向上拉，迴轉 180°，使軸銷插入底座另一孔。(未能插入，調整件 3 位置)

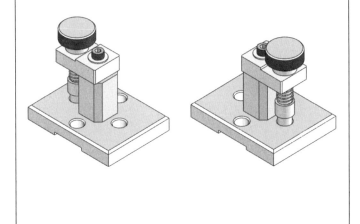

7. 同上步驟,使軸銷能插入另兩孔。	10. 同上步驟,鑽另一孔,裝入第 2 支定位銷。

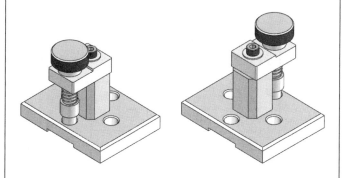

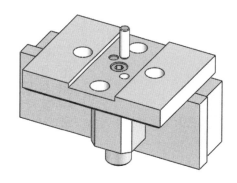

8. 鎖緊下方 M6 螺釘,卸除其他零件,僅留底座與件 3。	11. 裝回所有零件並鎖固,確認件 5 可插入底座四個孔。

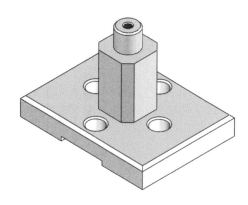

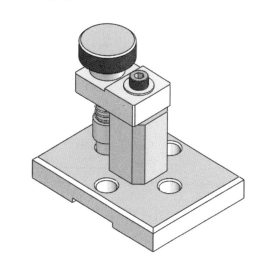

9. 翻轉組合件,底部朝上,定位銷孔處鑽 ϕ 5.8、深度 23mm (11+12)→鉸孔 ϕ 6H7,裝入定位銷。	12. 擦拭乾淨,交件。

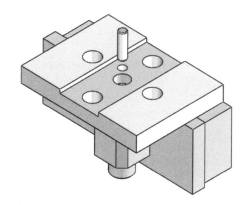

18500-106206-1/2

206

註：
1. 所有零組件毛邊均需去除。
2. 交件時，所有固定部位均需固鎖。
3. 未標註之去角均為1x45°。
4. 功能要求：組裝完成後
　(1)迴轉件5，可使件2上下移動。
　(2)件5旋緊時，件2與件4段差為
　　　1±0.1mm。

件號	件數	名稱	規格	備註
6	4	內六角承窩螺釘	M6x1.0x15L	承辦單位提供
5	1	偏心轉軸	S20C φ38x110L	承辦單位提供
4	1	立柱	件3、4共用 未加工胚料 S20C 32x32x110	承辦單位提供
3	1	固定座		承辦單位提供
2	1	滑動塊	件1、2共用 未加工胚料 S20C 16x100x75	承辦單位提供
1	1	底座		承辦單位提供

機械加工		技術士技能檢定術科測試試題			
級別	乙級	測驗時間	6小時	題號	18500-106206
投影法	⊕ ◐ ⊟	比例	1：1	單位	公釐(mm)
材料	如材料表		核定單位	勞動部勞動力發展署技能檢定中心	
			核定日期	民國106年03月17日	

配合	φ6H7	φ12H7	φ16H7
許可差	+0.015 0	+0.018 0	+0.018 0

一般許可差		
標示尺度		許可差
0.5	以上至 3	±0.15
超過 3	至 6	±0.20
超過 6	至 30	±0.50
超過 30	至120	±0.80
超過120	至315	±1.20

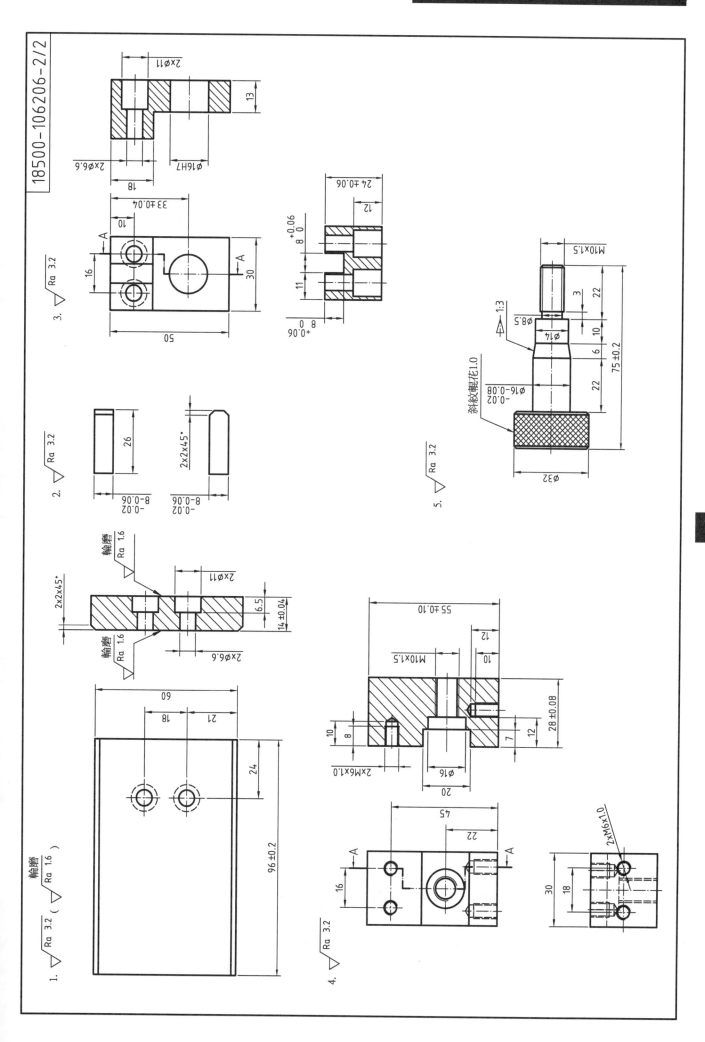

18500-106206 試題分析、材料使用與注意事項

一、試題分析：

　　　　此試題功能是迴轉件 5，藉圓錐面推動件 2 往上移動。且旋緊件 5 時，件 2 與件 4 段差為 1±0.1，組合情形如圖 1 所示。

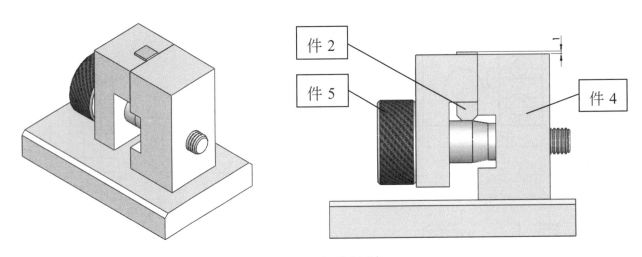

圖 1　試題 206 組合情形

二、材料使用：

材料一：16×100×75

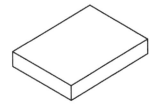

1. 件 1、件 2 共用，使用情形如圖 2。

2. 厚度須輪磨。

3. 六面體銑削→(74)×14.2×96，寬度注意垂直度、銑平即可。厚度預留輪磨量 0.2mm。

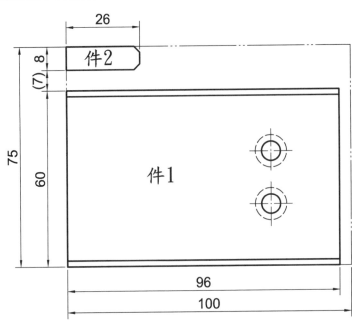

圖 2　板料使用情形

材料二： 32×32×110

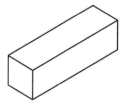

1. 件 3、件 4 共用，使用情形如圖 3。

2. 件 4 尺寸 30×28×55、件 3 尺寸 30×24×50。

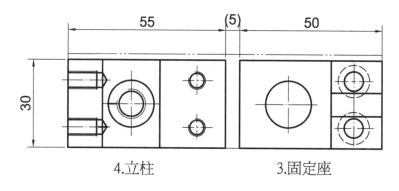

4.立柱　　　　　　3.固定座

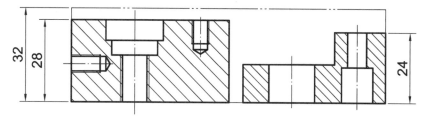

圖 3　塊料使用情形

材料三：ϕ38×110

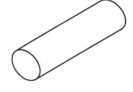

1. 件 5 用，使用情形如圖 4。

2. 件 5 長度 75mm，剩餘長度約 35mm，車削完後直接切斷。

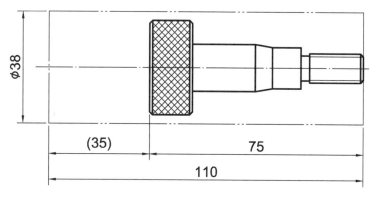

圖 4　圓料使用情形

三、注意事項：

1. 件 3 件 4 共用材料 32×32×110，銑削六面體後，先加工件 3 階級，如圖 5(a)所示，使材料斷面積變小，鋸切容易。

206

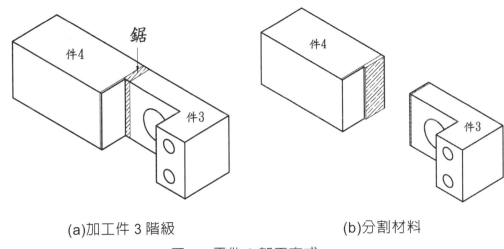

(a)加工件 3 階級　　　　　　　　(b)分割材料

圖 5　零件 3 加工方式

2. 件 5 錐度 1：3，複式刀座偏置角度＝28.65×T＝28.65×1/3≒9.5°，如圖 6 所示。

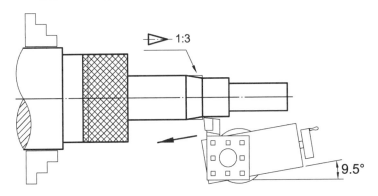

圖 6　複式刀座偏置角度

3. 組合剖視圖如圖 7(a)所示，旋緊時，影響段差是否 1±0.1 最主要的因素有：(1)件 2 長度(2)件 4 M10 螺紋孔的位置。所以，件 2 長度 26 mm (±0.5)寧可做上限，太長可修掉，太短就沒轍了。另外，M10 螺紋孔中心位置 22mm (±0.5)若偏下方，也會造成段差不足。

4. 注意件 4 螺紋孔(M10)垂直度，若未垂直，件 5 旋入時，外徑 φ16 會與件 3 內孔發生干涉，如圖 7(b)所示。

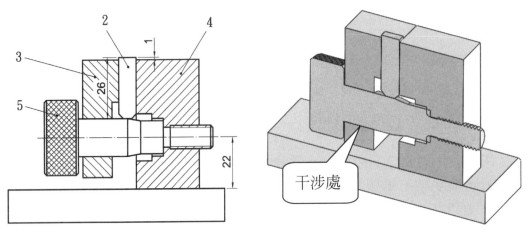

(a)組合情況　　　　　　　　(b)組合剖視圖

圖 7　組合情況與剖視圖

題號：18500-106206 (升降機構)

步驟/工作簡圖	工作程序說明
準備工作 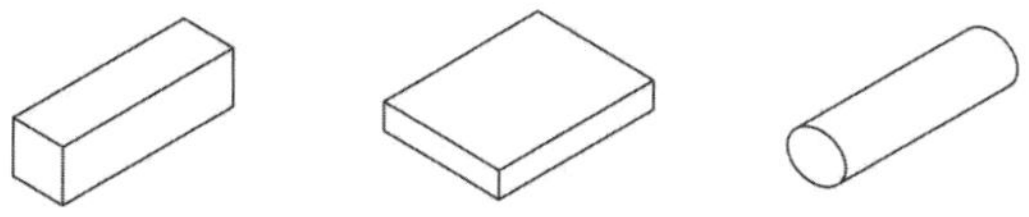 32×32×110　　16×100×75　　ϕ 38×110	**詳閱工作圖、檢查材料與零件數量** 材料 3 塊：尺寸如左圖所示，零件如下： 零件 6　螺釘 M6×1.0×15 L　4 支 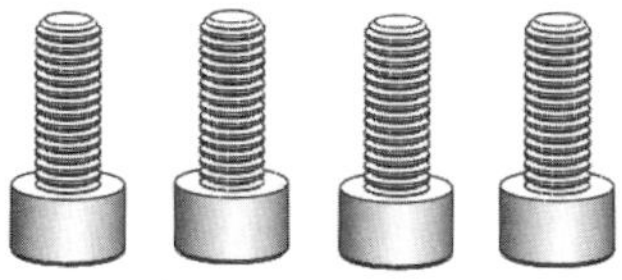
步驟一 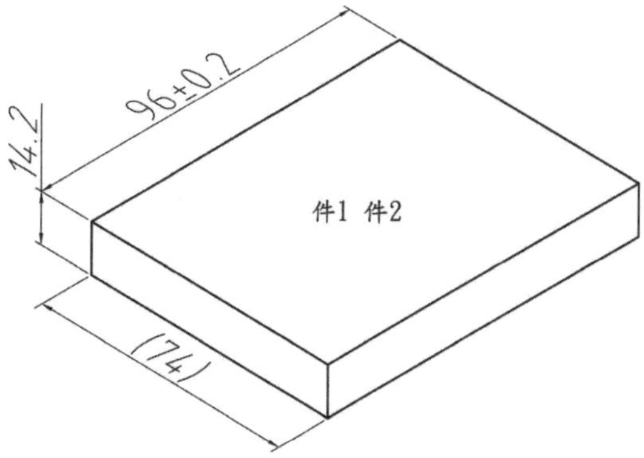 96+0.2 14.2 件1 件2 (74) 件 1、件 2 共用 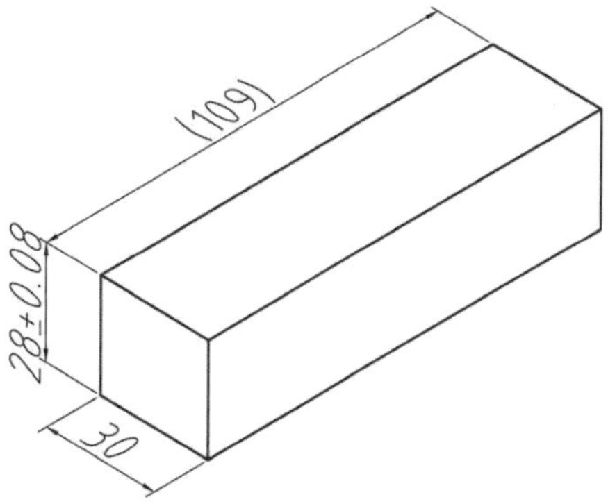 (109) 28±0.08 30 件 3、件 4 共用	**六面體銑削** 1.　板料尺寸：(74)×|96±0.2|×14.2 　　(1)　件 1、件 2 共用。 　　(2)　厚度 14.2 (14+預留磨削量 0.1～0.2)。 　　(3)　長度有公差要求。 2.　塊料尺寸：30×|28±0.08|×(109) 　　(1)　件 3、件 4 共用材料。 　　(2)　長度注意垂直度，無須控制尺寸。
步驟二 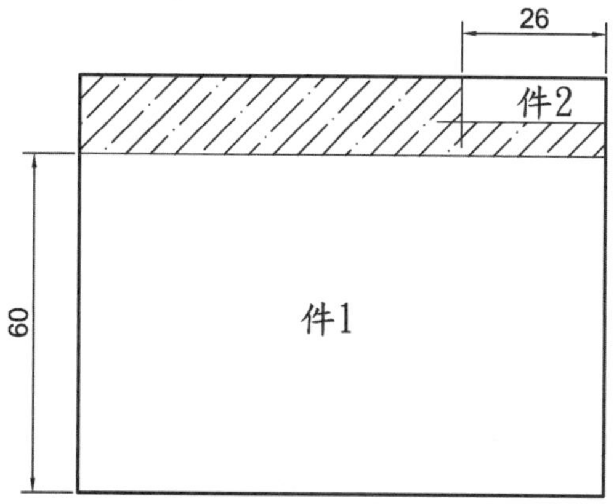 26 件2 60 件1	**劃線** 1.　板料劃線，如左圖。 　　(1)　件 1 高度：60 mm。 　　(2)　件 2 高度：8、26 mm(雙面劃線)。

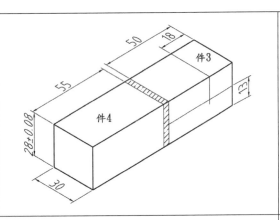

2. 塊料劃線，如左圖。

(1) 件 3 高度 50 與 18、13 mm。

(2) 件 4 高度：55 mm。

材料預留量(中間斜線處)約 4～5mm。

步驟三

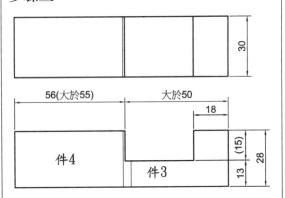

件 3 銑削

銑削件 3 外形，如左圖：

件 3 溝槽深度 15，完成底部尺寸 13、右側尺寸 18、左側尺寸約 56。(不得少於件 4 長度 55)。

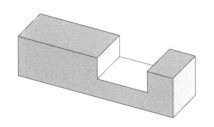

步驟四

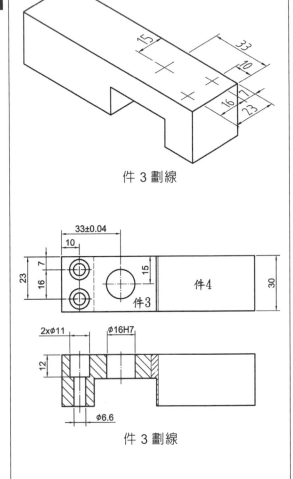

件 3 劃線

件 3 劃線

件 3 劃線、鑽孔、鉸孔

1. 劃 M6 柱坑孔與 φ16 鉸孔位置，如左圖所示。

2. 裝置工件、平行塊避開鑽孔處，定位、尋邊。

3. 移至 X10. Y-7.，鑽 φ6.6 → M6 柱坑、深度 12。(注意孔的位置度，以免與 8 mm 直槽發生重疊而破孔)

4. 移至 X10. Y-23.(中心距 16)，鑽另一孔，程序如下：

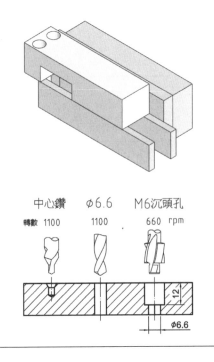

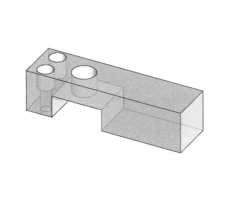

5. 移至 X33. Y-15.，鉸孔 φ16H7，程序如下圖。注意：中心距有公差要求(33±0.04)。

中心鑽　導孔　φ15.8　倒角0.5　φ16鉸孔
轉數 1200　　　500　　200　　200 rpm

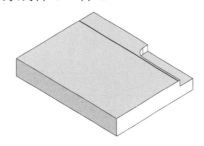

步驟五

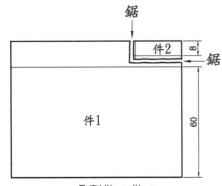

分割件 1/件 2

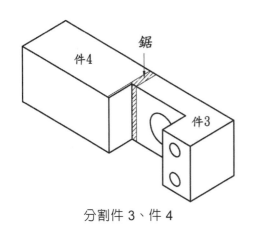

分割件 3、件 4

銑削、鋸切

1. 板料在件 2 處先將厚度 14mm 銑削至 8.5mm(預留 0.5mm)，如下圖所示，較易鋸切。

2. 鋸切，分成件 1、件 2

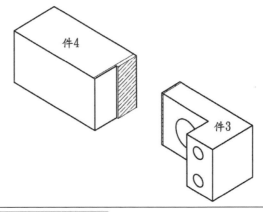

3. 塊料從斜線處鋸切，分割件 2、件 3。

步驟六

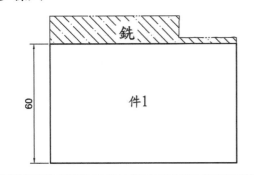

銑削件 1～ 件 4 鋸切面

1. 銑削件 1 鋸切面，完成尺寸 60。

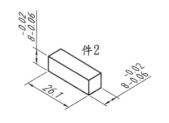

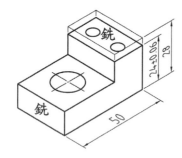

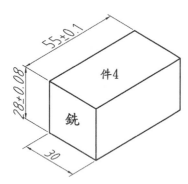

2. 銑削件 2 鋸切面：

(1) 寬度與高度均為 $8^{-0.02}_{-0.06}$

(2) 長度 26.1。(預留 0.1 修整用)

※件 2 長度可做正公差，裝配後，可視裝配情況 (是否上升 1mm)再作修整。

3. 銑削件 3 高度與鋸切面：

(1) 高度 28 銑削至 24±0.06。

(2) 長度 50。

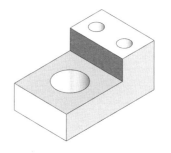

4. 銑削件 4 鋸切面，完成長度 55±0.1。

步驟七

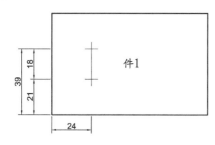

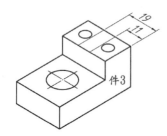

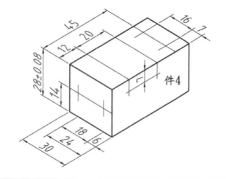

件1、件3、件4 劃線

1. 件 1 劃線

底面劃 M6 柱坑孔位置，尺寸如左圖。

2. 件 3 直槽處劃線

劃直槽處線條：11、19(槽寬 8)，如左圖。

3. 件 4 劃線

(1) 劃直槽位置：12、32 (槽寬 20)。

(2) 劃 M6 螺紋孔位置：45、7、23(中心距 16)。

(3) 左側劃 M6 螺紋孔位置：14、6、24(中心距 18)。

步驟八	件3 直槽銑削

件3 直槽銑削

1. 件 3 裝置於虎鉗，M6 柱坑孔朝下。

2. 以 φ6 端銑刀(約 1200rpm)銑削直槽，直槽位置 11、槽寬 8 $0^{+0.06}$、深度 8 $0^{+0.06}$。(注意直槽對稱度，以免與 φ6.6 重疊而破孔)

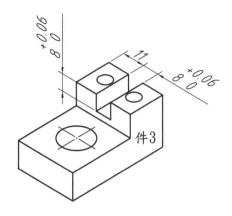

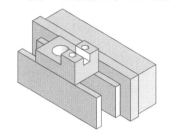
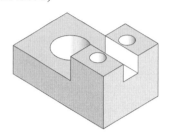

件4 直槽銑削

1. 裝置件 4，高出鉗口 7mm 以上，如下圖所示。

2. 以 φ12 端銑刀(約 600rpm)銑削直槽，位置 12，寬度 20、深度 7mm。

3. 加工完成，勿卸工件。

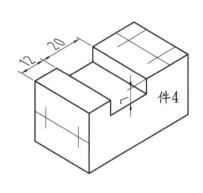

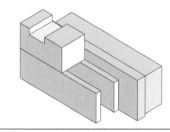
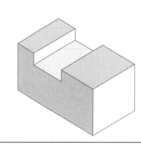

步驟九	件1、件4 鑽孔、鉸孔、攻螺紋

件1、件4 鑽孔、鉸孔、攻螺紋

1. 件 4 鑽孔、攻牙 M10

   (1) 移至直槽中心 X22. Y-15.。
   ※注意 M10 位置尺寸會影響裝配後件 4 與件 2 的段差值

   (2) 鑽 φ8.5 → φ16 端銑刀擴孔、深 5mm → φ16 修毛邊、φ8.5 倒角→攻螺紋 M10×1.5，加工程序如下圖。
   (M10 垂直度，會影響件 5 轉動是否順暢)

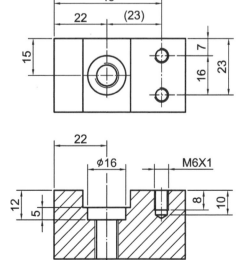

件4 鑽孔、攻牙

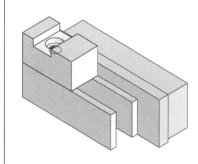
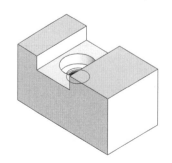

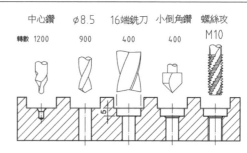

(3) 移至 X45. Y-7.與 X45. Y-23.(中心距 16)，鑽孔 φ
5.0、深度 10 →攻 M6 螺紋、深度 8，程序如下
圖所示。

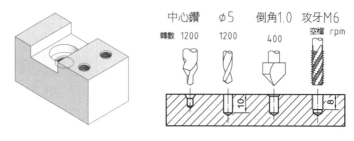

(4) 重新裝置工件，底部朝上，如下圖所示，勿鑽錯
位置。

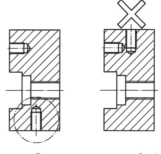

(5) 移至 X6. Y-14.與 X24. Y-14.(中心距 18)，鑽孔 φ
5.0、深度 12 →攻 M6 螺紋、深度 10。

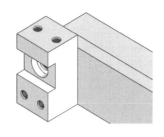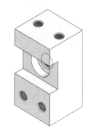

2. 件 1 鑽 M6 沉頭孔

(1) 裝置件 1，移至 X24. Y-21.。

(2) 鑽 φ6.6→M6 柱坑孔、深度 6.5，如下圖所示。

(3) 移至 X24. Y-39. (中心距 18)，鑽第 2 孔。

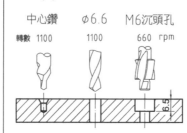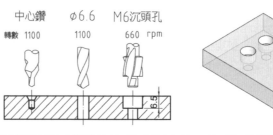

24
6　18

14

2xM6x1.0

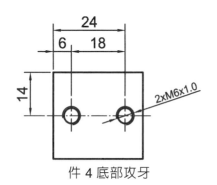

件 4 底部攻牙

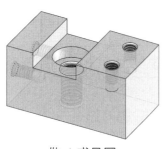

件 4 成品圖

24

21
39
18

件1

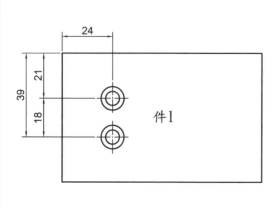

步驟十	件 1、件 2 倒角
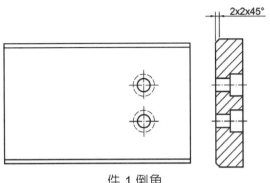 件 1 倒角 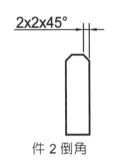 件 2 倒角	1. 件 1 倒角 件 1 在長度方向的正面(M6 沉頭孔朝下)倒角 2×45°，如下圖所示： 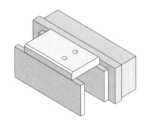  2. 件 2 倒角 件 2 在高度方向兩側倒角 2×45°，如下圖所示： 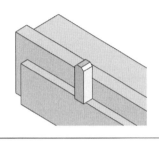 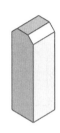

206

步驟十一	件 1 平面磨削
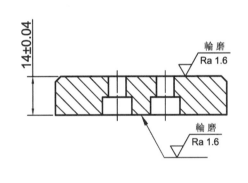	1. 件 1 置於磁性夾頭，磨削厚度。 2. 磨削兩面，控制尺寸 14±0.04。 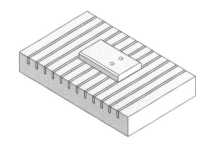

步驟十二	件 5 車削加工 (材料 φ38×110L)
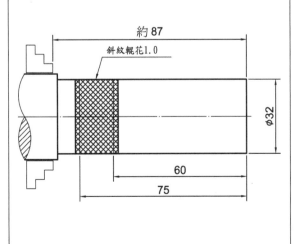	1. 伸出約 87 長。 2. 修端面。車外徑 φ31.5、長度近夾頭(至少大於 75)。 3. 壓花，位置如左圖 (壓花轉數約 100 rpm、進給率 0.3～0.4mm/rev)。 

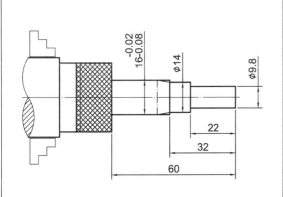

4. 粗車外形(三個階級)：$\phi\,16.5\times60$ 長、$\phi\,14.5\times32$ 長、$\phi\,10.5\times22$ 長。

5. 精修端面、控制階級長度 22、32、60。

6. 精車外徑 $\phi\,16{-}0.08^{-0.02}$、$\phi\,14$、$\phi\,9.8(\phi\,10{-}0.3^{-0.2})$，如左圖所示。

7. 複式刀座偏轉 9.5°，如左圖所示。

8. 車刀在 $\phi\,16$、$\phi\,14$ 肩角處對刀，如下圖所示。

9. 以複式刀座車削 1：3 錐度。車畢，複式刀座轉回 0°。

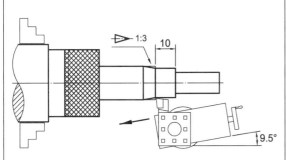

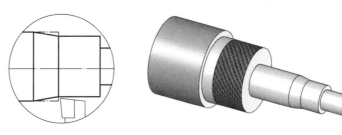

10. $\phi\,9.8$ 前端倒角 1×45°、壓花處倒角 1×45°。

11. 以螺絲鏌鉸削 M10×1.5 螺紋。

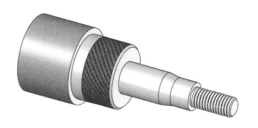

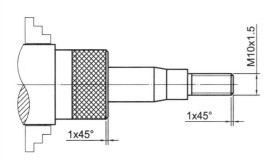

12. 在長度 22mm 處(螺紋末端)切槽：槽寬 3，槽徑 $\phi\,8.5$ mm。

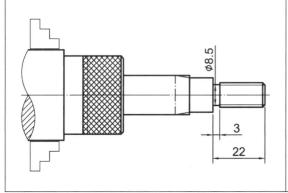

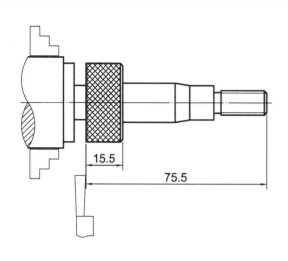

15.5

75.5

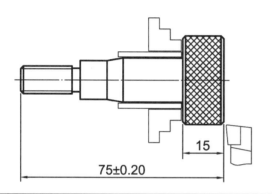

15

75±0.20

13. 長度 75.5mm 處切斷(長度預留 0.5)。

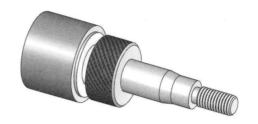

換端夾持、修端面

1. 換端夾持 φ16 或壓花處,加裝保護環。

2. 車端面,控制總長度 75±0.2。

3. 倒角 1×45°。

步驟十三　組裝

1. 以 M6 螺釘將件 4(立柱)鎖在件 1 上。

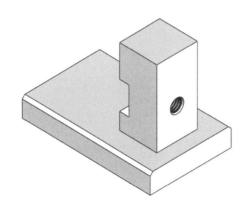

2. 件 3(固定座)固定在件 4 上,暫勿鎖緊。

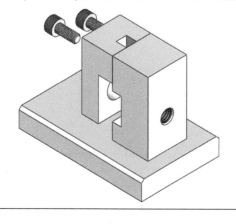

3. 件 5(轉軸)穿過件 3,旋入件 4 內。件 3、件 4 平面盡可能對齊,鎖緊 M6 螺釘後件 5 仍須轉動順暢。

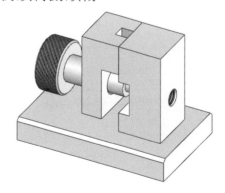

4. 件 2 置入方孔內,注意倒角方向。

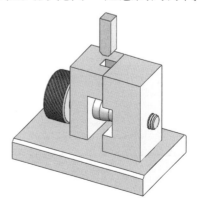

5.　旋轉件 5，藉錐度頂著件 2 向上移動。

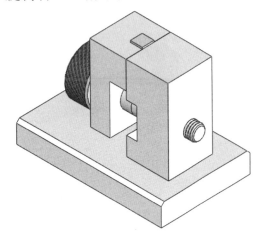

6.　旋緊件 5 時，件 2 上升至最高點，檢測件
　　2 與件 4 段差 1±0.1mm。若未符合公差要
　　求，修整件 2 長度(26±0.5)或件 4 高度
　　(50±0.1)。

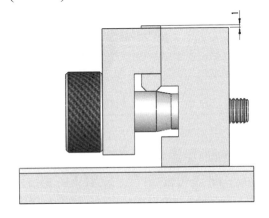

7.　工件擦拭乾淨、交件。

機械加工乙級技術士技能檢定術科測試評審表(一)

題號	18500-106201	術科測試日期	年　月　日	監評人員	
場次	第　　場			簽　　名	(請勿於測試結束前先行簽名)

評審項目、內容及評審結果			應檢人編號及姓名				

			工作安全與態度等扣分(項次)					
主要要求部位	件1	70±0.04	上　　限	70.04				
			下　　限	69.96				
			表面粗糙度	3.2a				
	件2	14 $^{+0.06}_{\ \ 0}$	上　　限	14.06				
			下　　限	14.00				
			表面粗糙度	3.2a				
		15 $^{\ \ 0}_{-0.06}$	上　　限	15.00				
			下　　限	14.94				
			表面粗糙度	3.2a				
	件3	14±0.04	上　　限	14.04				
			下　　限	13.96				
			表面粗糙度	1.6a				
	件4	10 $^{+0.06}_{\ \ 0}$	上　　限	10.06				
			下　　限	10.00				
			表面粗糙度	3.2a				
		14 $^{-0.02}_{-0.08}$	上　　限	13.98				
			下　　限	13.92				
			表面粗糙度	1.6a				
	件5	ϕ16 $^{-0.02}_{-0.08}$	上　　限	ϕ15.98				
			下　　限	ϕ15.92				
			表面粗糙度	3.2a				
		ϕ10 $^{-0.02}_{-0.06}$	上　　限	ϕ9.98				
			下　　限	ϕ9.94				
			表面粗糙度	3.2a				
	件1	28±0.08	上　　限	28.08				
			下　　限	27.92				
			表面粗糙度	3.2a				

題號	18500-106201	術科測試日期	年　月　日	監評人員 簽　　名	(請勿於測試結束前先行簽名)
場次	第　　場				

評審項目、內容及評審結果			應檢人編號及姓名				

次要要求部位	件2	28±0.08	上　　限	28.08			
			下　　限	27.92			
			表面粗糙度	3.2a			
	件3	72±0.10	上　　限	72.10			
			下　　限	71.90			
			表面粗糙度	3.2a			
	件4	16±0.06	上　　限	16.06			
			下　　限	15.94			
			表面粗糙度	3.2a			
	件5	34±0.18	上　　限	34.18			
			下　　限	33.82			
			表面粗糙度	3.2a			
			上　　限				
			下　　限				
			表面粗糙度				
			上　　限				
			下　　限				
			表面粗糙度				
			上　　限				
			下　　限				
			表面粗糙度				
術科測試成績 (請以文字表示，若為不及格並請註明原因)			及　　　　格				
			不　及　格				
			不　及　格　原　因				

註：1.要求部位，除表上列舉者外，餘由監評人員依試題所示評審；不及格部位，請於本表預留空格內註明。

　　2.工作安全與態度等扣分超過 40 分為不及格者，請於「不及格原因」欄內註明扣分之項次及扣分數。

機械加工乙級技術士技能檢定術科測試評審表(二)

題號	18500-106202	術科測試日期	年 月 日	監評人員簽名	(請勿於測試結束前先行簽名)
場次	第 場				

評審項目、內容及評審結果			應檢人編號及姓名					
工作安全與態度等扣分(項次)								
主要要求部位	件1	14±0.04	上 限	14.04				
			下 限	13.96				
			表面粗糙度	1.6a				
		54±0.04	上 限	54.04				
			下 限	53.96				
			表面粗糙度	3.2a				
	件2	14 -0.02 -0.08	上 限	13.98				
			下 限	13.92				
			表面粗糙度	1.6a				
		60±0.04	上 限	60.04				
			下 限	59.96				
			表面粗糙度	3.2a				
	件3	14 $+0.06$ 0	上 限	14.06				
			下 限	14.00				
			表面粗糙度	3.2a				
	件4	$\phi16$ -0.02 -0.08	上 限	$\phi15.98$				
			下 限	$\phi15.92$				
			表面粗糙度	3.2a				
		$\phi12$ -0.02 -0.06	上 限	$\phi11.98$				
			下 限	$\phi11.94$				
			表面粗糙度	3.2a				
	裝配	$\perp0.06/20$	上 限	0.06/20				
			下 限	0.00/20				
			表面粗糙度					
	件1	72±0.10	上 限	72.10				
			下 限	71.90				
			表面粗糙度	3.2a				

題號	18500-106202	術科測試日期	年　月　日	監評人員簽名	
場次	第　　場				(請勿於測試結束前先行簽名)

評審項目、內容及評審結果				應檢人編號及姓名				
次要要求部位	件2	10±0.06	上　限	10.06				
			下　限	9.94				
			表面粗糙度	3.2a				
	件3	30±0.08	上　限	30.08				
			下　限	29.92				
			表面粗糙度	3.2a				
		30±0.08	上　限	30.08				
			下　限	29.92				
			表面粗糙度	3.2a				
	件4	55±0.20	上　限	55.20				
			下　限	54.80				
			表面粗糙度	3.2a				
			上　限					
			下　限					
			表面粗糙度					
			上　限					
			下　限					
			表面粗糙度					
			上　限					
			下　限					
			表面粗糙度					
術科測試成績（請以文字表示，若為不及格並請註明原因）			及　　　格					
			不　及　格					
			不　及　格　原　因					

註：1.要求部位，除表上列舉者外，餘由監評人員依試題所示評審；不及格部位，請於本表預留空格內註明。
　　2.工作安全與態度等扣分超過40分為不及格者，請於「不及格原因」欄內註明扣分之項次及扣分數。

機械加工乙級技術士技能檢定術科測試評審表(三)

題號	18500-106203	術科測試日期	年　月　日	監評人員簽名	(請勿於測試結束前先行簽名)
場次	第　　場				

評審項目、內容及評審結果 應檢人編號及姓名							
工作安全與態度等扣分(項次)							
主要要求部位	件1	14±0.04	上　限	14.04			
			下　限	13.96			
			表面粗糙度	1.6a			
	件3	15 +0.06 0	上　限	15.06			
			下　限	15.00			
			表面粗糙度	3.2a			
		21 +0.06 0	上　限	21.06			
			下　限	21.00			
			表面粗糙度	3.2a			
	件4	12 +0.06 +0.02	上　限	12.06			
			下　限	12.02			
			表面粗糙度	3.2a			
		15 −0.02 −0.08	上　限	14.98			
			下　限	14.92			
			表面粗糙度	3.2a			
		21 −0.02 −0.08	上　限	20.98			
			下　限	20.92			
			表面粗糙度	3.2a			
	件5	ϕ16 −0.02 −0.08	上　限	ϕ15.98			
			下　限	ϕ15.92			
			表面粗糙度	3.2a			
		15 −0.02 −0.12	上　限	14.98			
			下　限	14.88			
			表面粗糙度	3.2a			
	件1	60±0.08	上　限	60.08			
			下　限	59.92			
			表面粗糙度	3.2a			

機械加工乙級技術士技能檢定術科測試評審表(三)

題號	18500-106203	術科測試日期	年　月　日	監評人員簽名	(請勿於測試結束前先行簽名)
場次	第　場				

評審項目、內容及評審結果 應檢人編號及姓名							
次要要求部位	件2	54±0.08	上　限	54.08			
			下　限	53.92			
			表面粗糙度	3.2a			
	件3	54±0.08	上　限	54.08			
			下　限	53.92			
			表面粗糙度	3.2a			
	件4	30±0.08	上　限	30.08			
			下　限	29.92			
			表面粗糙度	3.2a			
	件5	$\phi 12 \begin{array}{c} -0.02 \\ -0.12 \end{array}$	上　限	$\phi 11.98$			
			下　限	$\phi 11.88$			
			表面粗糙度	3.2a			
			上　限				
			下　限				
			表面粗糙度				
			上　限				
			下　限				
			表面粗糙度				
			上　限				
			下　限				
			表面粗糙度				
術科測試成績（請以文字表示，若為不及格並請註明原因）			及　　　格				
			不　及　格				
			不　及　格　原　因				

註：1.要求部位，除表上列舉者外，餘由監評人員依試題所示評審；不及格部位，請於本表預留空格內註明。

　　2.工作安全與態度等扣分超過40分為不及格者，請於「不及格原因」欄內註明扣分之項次及扣分數。

機械加工乙級技術士技能檢定術科測試評審表(四)

題號	18500-106204	術科測試日期		年　月　日	監評人員簽名	
場次	第　　場					(請勿於測試結束前先行簽名)

評審項目、內容及評審結果			應檢人編號及姓名				

工作安全與態度等扣分(項次)							

主要要求部位	件1	14±0.04	上限	14.04			
			下限	13.96			
			表面粗糙度	1.6a			
	件2	30±0.04	上限	30.04			
			下限	29.96			
			表面粗糙度	3.2a			
		55±0.04	上限	55.04			
			下限	54.96			
			表面粗糙度	3.2a			
	件3	30±0.04	上限	30.04			
			下限	29.96			
			表面粗糙度	3.2a			
	件4	$\phi 12 \begin{smallmatrix} -0.02 \\ -0.08 \end{smallmatrix}$	上限	$\phi 11.98$			
			下限	$\phi 11.92$			
			表面粗糙度	3.2a			
	件5	$\phi 12 \begin{smallmatrix} 0 \\ -0.04 \end{smallmatrix}$	上限	$\phi 12.00$			
			下限	$\phi 11.96$			
			表面粗糙度	3.2a			
		$\phi 16 \begin{smallmatrix} -0.02 \\ -0.08 \end{smallmatrix}$	上限	$\phi 15.98$			
			下限	$\phi 15.92$			
			表面粗糙度	3.2a			
	裝配	$\perp 0.06/20$	上限	0.06/20			
			下限	0.00/20			
			表面粗糙度				
	件1	96±0.20	上限	96.20			
			下限	95.80			
			表面粗糙度	3.2a			

題號	18500-106204	術科測試日期	年　月　日	監評人員 簽　名		(請勿於測試結束前先行簽名)	
場次	第　　場						

評審項目、內容及評審結果			應檢人編號及姓名					
次要要求部位	件2	20±0.06	上　　限	20.06				
			下　　限	19.94				
			表面粗糙度	3.2a				
	件3	23±0.06	上　　限	23.06				
			下　　限	22.94				
			表面粗糙度	3.2a				
	件4	$\phi 30\pm0.08$	上　　限	$\phi 30.08$				
			下　　限	$\phi 29.92$				
			表面粗糙度	3.2a				
	件5	60±0.08	上　　限	60.08				
			下　　限	59.92				
			表面粗糙度	3.2a				
			上　　限					
			下　　限					
			表面粗糙度					
			上　　限					
			下　　限					
			表面粗糙度					
			上　　限					
			下　　限					
			表面粗糙度					
術科測試成績 （請以<u>文字</u>表示，若爲不及格並請註明原因）			及　　　　　格					
			不　及　　格					
			不　及　格　原　因					

註：1.要求部位，除表上列舉者外，餘由監評人員依試題所示評審；不及格部位，請於本表預留空格內註明。

　　2.工作安全與態度等扣分超過40分爲不及格者，請於「不及格原因」欄內註明扣分之項次及扣分數。

機械加工乙級技術士技能檢定術科測試評審表(五)

題號	18500-106205	術科測試日期	年　月　日	監評人員簽名	(請勿於測試結束前先行簽名)
場次	第　　場				

評審項目、內容及評審結果 應檢人編號及姓名							
工作安全與態度等扣分(項次)							
主要要求部位	件1	14±0.04	上　限	14.04			
			下　限	13.96			
			表面粗糙度	1.6a			
		72±0.04	上　限	72.04			
			下　限	71.96			
			表面粗糙度	3.2a			
	件2	47±0.04	上　限	47.04			
			下　限	46.96			
			表面粗糙度	3.2a			
		14 −0.02 −0.08	上　限	13.98			
			下　限	13.92			
			表面粗糙度	1.6a			
	件3	53±0.04	上　限	53.04			
			下　限	52.96			
			表面粗糙度	3.2a			
		φ16 −0.02 −0.08	上　限	φ15.98			
			下　限	φ15.92			
			表面粗糙度	3.2a			
	件5	φ12 −0.02 −0.08	上　限	φ11.98			
			下　限	φ11.92			
			表面粗糙度	3.2a			
	裝配	⊥0.06/20	上　限	0.06/20			
			下　限	0.00/20			
			表面粗糙度				
	件2	30±0.08	上　限	30.08			
			下　限	29.92			
			表面粗糙度	3.2a			

題號	18500-106205	術科測試日期	年　月　日	監評人員 簽　名	
場次	第　　場			(請勿於測試結束前先行簽名)	

評審項目、內容及評審結果				應檢人編號及姓名				
次要要求部位	件2	12±0.06	上　　限	12.06				
			下　　限	11.94				
			表面粗糙度	3.2a				
	件3	+0.12 14　0	上　　限	14.12				
			下　　限	14.00				
			表面粗糙度	3.2a				
		28±0.08	上　　限	28.08				
			下　　限	27.92				
			表面粗糙度	3.2a				
	件5	55±0.20	上　　限	55.20				
			下　　限	54.80				
			表面粗糙度	3.2a				
			上　　限					
			下　　限					
			表面粗糙度					
			上　　限					
			下　　限					
			表面粗糙度					
			上　　限					
			下　　限					
			表面粗糙度					
術科測試成績 （請以文字表示，若為不及格並請註明原因）			及　　　　格					
			不　及　　格					
			不　及　格　原　因					

註：1.要求部位，除表上列舉者外，餘由監評人員依試題所示評審；不及格部位，請於本表預留空格內註明。

　　2.工作安全與態度等扣分超過40分爲不及格者，請於「不及格原因」欄內註明扣分之項次及扣分數。

機械加工乙級技術士技能檢定術科測試評審表(六)

題號	18500-106206	術科測試日期	年　月　日	監評人員簽　名	(請勿於測試結束前先行簽名)
場次	第　　場				

評審項目、內容及評審結果			應檢人編號及姓名				

			工作安全與態度等扣分(項次)					
主要要求部位	件1	14±0.04	上　　限	14.04				
			下　　限	13.96				
			表面粗糙度	1.6a				
	件2	8 −0.02/−0.06	上　　限	7.98				
			下　　限	7.94				
			表面粗糙度	3.2a				
		8 −0.02/−0.06	上　　限	7.98				
			下　　限	7.94				
			表面粗糙度	3.2a				
	件3	8 +0.06/0	上　　限	8.06				
			下　　限	8.00				
			表面粗糙度	3.2a				
		8 +0.06/0	上　　限	8.06				
			下　　限	8.00				
			表面粗糙度	3.2a				
		33±0.04	上　　限	33.04				
			下　　限	32.96				
			表面粗糙度	3.2a				
	件5	φ16 −0.02/−0.08	上　　限	φ15.98				
			下　　限	φ15.92				
			表面粗糙度	3.2a				
	功能	1±0.10	上　　限	1.10				
			下　　限	0.90				
			表面粗糙度					
	件1	96±0.20	上　　限	96.20				
			下　　限	95.80				
			表面粗糙度	3.2a				

題號	18500-106206	術科測試日期	年　月　日	監評人員		
場次	第　場			簽　　名	(請勿於測試結束前先行簽名)	

評審項目、內容及評審結果			應檢人編號及姓名				
次要要求部位	件3	24±0.06	上　限	24.06			
			下　限	23.94			
			表面粗糙度	3.2a			
	件4	55±0.10	上　限	55.10			
			下　限	54.90			
			表面粗糙度	3.2a			
		28±0.08	上　限	28.08			
			下　限	27.92			
			表面粗糙度	3.2a			
	件5	75±0.20	上　限	75.20			
			下　限	74.80			
			表面粗糙度	3.2a			
			上　限				
			下　限				
			表面粗糙度				
			上　限				
			下　限				
			表面粗糙度				
			上　限				
			下　限				
			表面粗糙度				
術科測試成績 （請以文字表示，若為不及格並請註明原因）			及　　　　格				
			不　及　格				
			不　及　格　原　因				

註：1.要求部位，除表上列舉者外，餘由監評人員依試題所示評審；不及格部位，請於本表預留空格內註明。

　　2.工作安全與態度等扣分超過40分為不及格者，請於「不及格原因」欄內註明扣分之項次及扣分數。

乙級機械加工技能檢定術科題庫解析

作者 / 張弘智

發行人 / 陳本源

執行編輯 / 蘇千寶

出版者 / 全華圖書股份有限公司

郵政帳號 / 0100836-1 號

印刷者 / 宏懋打字印刷股份有限公司

圖書編號 / 0614304-201709

定價 / 新台幣 300 元

ISBN / 978-986-463-610-5　(平裝)

全華圖書 / www.chwa.com.tw

全華網路書店 Open Tech / www.opentech.com.tw

若您對書籍內容、排版印刷有任何問題，歡迎來信指導 book@chwa.com.tw

臺北總公司(北區營業處)
地址：23671 新北市土城區忠義路 21 號
電話：(02) 2262-5666
傳真：(02) 6637-3695、6637-3696

中區營業處
地址：40256 臺中市南區樹義一巷 26 號
電話：(04) 2261-8485
傳真：(04) 3600-9806

南區營業處
地址：80769 高雄市三民區應安街 12 號
電話：(07) 381-1377
傳真：(07) 862-5562

23671 新北市土城區忠義路21號

全華圖書股份有限公司

行銷企劃部　收

廣　告　回　信
板橋郵局登記證
板橋廣字第540號

歡迎加入 全華會員

● 會員獨享

會員享購書折扣、紅利積點、生日禮金、不定期優惠活動…等。

● 如何加入會員

掃 QRcode 或填妥讀者回函卡直接傳真 (02) 2262-0900 或寄回，將由專人協助登入會員資料，待收到 E-MAIL 通知後即可成為會員。

如何購買 全華書籍

1. 網路購書

全華網路書店「http://www.opentech.com.tw」，加入會員購書更便利，並享有紅利積點回饋等各式優惠。

2. 實體門市

歡迎至全華門市（新北市土城區忠義路 21 號）或各大書局選購。

3. 來電訂購

(1) 訂購專線：(02) 2262-5666 轉 321-324
(2) 傳真專線：(02) 6637-3696
(3) 郵局劃撥（帳號：0100836-1　戶名：全華圖書股份有限公司）

※ 購書未滿 990 元者，酌收運費 80 元。

OpenTech .com.tw 全華網路書店

全華網路書店 www.opentech.com.tw
E-mail: service@chwa.com.tw

※ 本會員制如有變更則以最新修訂制度為準，造成不便請見諒。

讀者回函卡

掃 QRcode 線上填寫 ▶▶▶

姓名：_____ 生日：西元_____年_____月_____日 性別：□男 □女

電話：（　）_____ 手機：_____

e-mail：_____（必填）

註：數字零，請用 Φ 表示，數字 1 與英文 L 請另註明並書寫端正，謝謝。

通訊處：□□□□□

學歷：□高中・職 □專科 □大學 □碩士 □博士

職業：□工程師 □教師 □學生 □軍・公 □其他

學校／公司：_____ 科系／部門：_____

· 需求書類：

□ A. 電子 □ B. 電機 □ C. 資訊 □ D. 機械 □ E. 汽車 □ F. 工管 □ G. 土木 □ H. 化工 □ I. 設計
□ J. 商管 □ K. 日文 □ L. 美容 □ M. 休閒 □ N. 餐飲 □ O. 其他

· 本次購買圖書為：_____ 書號：_____

· 您對本書的評價：

封面設計：□非常滿意 □滿意 □尚可 □需改善，請說明_____
內容表達：□非常滿意 □滿意 □尚可 □需改善，請說明_____
版面編排：□非常滿意 □滿意 □尚可 □需改善，請說明_____
印刷品質：□非常滿意 □滿意 □尚可 □需改善，請說明_____
書籍定價：□非常滿意 □滿意 □尚可 □需改善，請說明_____
整體評價：請說明_____

· 您在何處購買本書？

□書局 □網路書店 □書展 □團購 □其他

· 您購買本書的原因？（可複選）

□個人需要 □公司採購 □親友推薦 □老師指定用書 □其他

· 您希望全華以何種方式提供出版訊息及特惠活動？

□電子報 □DM □廣告（媒體名稱_____）

· 您是否上過全華網路書店？（www.opentech.com.tw）

□是 □否 您的建議_____

· 您希望全華出版哪方面書籍？_____

· 您希望全華加強哪些服務？_____

感謝您提供寶貴意見，全華將秉持服務的熱忱，出版更多好書，以饗讀者。

填寫日期：　　/　　/

2020.09 修訂

親愛的讀者：

感謝您對全華圖書的支持與愛護，雖然我們很慎重的處理每一本書，但恐仍有疏漏之處，若您發現本書有任何錯誤，請填寫於勘誤表內寄回，我們將於再版時修正，您的批評與指教是我們進步的原動力，謝謝！

全華圖書 敬上

勘 誤 表

書號	頁數	行數	書名	作者
			錯誤或不當之詞句	建議修改之詞句

我有話要說：（其它之批評與建議，如封面、編排、內容、印刷品質等・・・）